La Cosmologie selon les modèles bibliques et antiques

Flavien Phanzu Mwaka

La Cosmologie selon les modèles bibliques et antiques

ISBN numérique : 9791040548089

EAN papier : 9791040548096

Librinova

Courriel : contact@librinova.com
Internet : www.librinova.com

Épigraphie

« La découverte n'est pas un événement, mais une suite imbriquée d'événements, ne devenant réellement scientifiques que lorsqu'ils forment un ensemble cohérent ». (Thomas Kuhn).

Le comité de lecteurs Librinova : Avis du 19/05/2024
"Le livre est très compliqué à lire pour une novice de la cosmologie. La première de couverture et le résumé sont fidèles au contenu du livre : très techniques. Les liens avec le schéma biblique de la création de l'univers contenu dans les deux premiers livres de la Genèse et les écrits des philosophes grecs antiques sur l'origine de l'univers sont très pointus et peuvent perdre le lecteur qui n'a pas de notion de base. Ce livre traite d'un sujet scientifico-religieux et requiert des connaissances scientifiques et théologiques. Il est destiné aux chercheurs, aux étudiants mais pas à tout public".

Du même auteur dans la collection « Les Versets des savants »

– Tome I : Noé à Barack Obama (Éditions universitaires européennes)
– Tome II : Le champ du Modèle Cosmologique Universel (éd. Librinova/Paris)
– Tome III : Avant big bang – big bang – après big bang selon le Modèle Cosmologique Universel (éd. Librinova)
– Tome IV : Les énigmes de l'Univers résolues dans le Modèle Cosmologique Universel (éd. Librinova)
– Tome V : De Noé à Barack Obama (éd. Librinova)

Du même auteur dans la collection « Astrothéologie »

– Tome II : Avant Big Bang à la lumière (éd. Librinova)
– Big Bang à l'Homme (éd. Librinova : numérique)
– Big Bang à l'homme (éd. Livre en Papier : broché)
– Le Big Bang est biblique, coranique et antique (éd. Librinova : numérique)
– Le Big Bang est biblique, coranique et antique (éd. Livre en Papier : broché)

From the same author in the "Astrotheology" collection

– Volume III : Big Bang to Humankind (éd. Librinova)
– Pre Big bang – Big bang – After Big bang (éd. Librinova)
– Cosmology according to biblical and ancients models (éd. Librinova)
– The field of the Universal cosmologycal Model (éd. Librinova)
– Big Bang to humankind (éd. Librinova)
– From Noa to Barack Obma (éd. Librinova)

N.B : vente en ligne et en librairies

Auteurs : mailto : lesversetsdessavants@gmail.com

Avant-propos

Cette ouvrage était conçus pour ma thèse de doctorat. Mais après, j'ai pu remarquer qu'il n'y a aucun professeur qui possède des connaissances en astrothéologie, c'est à dire des connaissances à la fois en astronomie, en théologie, et en philosophie. Si l'astronomie qui fait partie de ce livre est déjà connue par les astronomes, mais la théologie et la philosophie qui sont contenues ici n'est pas encore classique. C'est la première difficulté pour moi de trouve un directeur de thèse. La seconde en est que les théologiens sont souvent subjectives plutôt qu'objective, c'est-à-dire qu'ils n'acceptent pas les idées évolutives par rapport à leurs doctrines. Ainsi, n'ayant trouvé aucun directeur de thèse, ni aucune université pour m'octroyer un titre de docteur en Astrothéologie, je préfère seulement le publier sous forme de livre. À vous de me juger comme l'ont fait le comité des lecteurs Librinova.

Ce livre "La cosmologie selon les modèles bibliques et antiques" remplace la première version qui a été publiée dans la collection « Les versets des savants ».

La cosmologie selon les modèles biblique et antique est une grande première dans la théologie, car c'est pour la première fois que la Bible rejoint la science qui lui sert d'outil de confirmations. C'est aussi une grande première dans la science, car les grandes structures de l'univers découvertes par les scientifiques ont déjà été dévoilées dans la Bible. En plus, la Bible vient de compléter à la science, la description du schéma de la sphère de l'Avant Big Bang.

Jusque-là, les débats sur les divergences entre les points de vue de la science et de la religion sur l'origine et l'évolution de l'univers sont encore vifs, alors que souvent, il ne s'agit que des malentendus dus au langage. Ainsi, tant que ce premier schéma de l'univers, découvert dans des papyrus, ne sera pas restitué clairement, la divergence et les malentendus subsisteront toujours entre la science et la religion. Heureusement qu'à ce jour, nous sommes venus restituer clairement ce schéma et qu'il ne reste plus qu'aux astrophysiciens et aux mathématiciens d'introduire des variables et des procédés d'assimilations informatiques aux laboratoires.

Le premier schéma de la création de l'univers est décrit dans la Bible et la Torah dans le premier et le deuxième chapitre de la Genèse, mais les scientifiques l'ont jeté dans la poubelle, le Vatican l'a fermé dans un coffre-fort pour que personne n'y touche.

En l'étudiant et en le restituant scientifiquement, je suis le premier à découvrir la description de la sphère de l'Avant Big Bang et que même le Big Bang et le rayonnement fossile appelé parfois fond diffus cosmologique sont bibliques. Cela prouve-t-il que Dieu est le créateur de l'univers ? À chacun de répondre dans son fort intérieur, car nous, nous voulons rester dans le cadre scientifique de la compréhension du schéma de la création biblique.

Ce livre de la collection Astronomie et théologie ne recense que les versets bibliques liés à la science. À cela s'ajoutent certaines notions contenues dans le livre de la « Présentation du principe divin » du Rév. Dr. SUN MYUNG MOON.

Dans le livre du Principe divin, le Rév. Dr. SUN MYUNG MOON a éclairci toutes les paraboles bibliques qui faisaient que les scientifiques rejetaient la religion et répond aussi aux pourquoi de la création. Toutefois, ce livre, "La cosmologie selon les modèles bibliques et antiques", n'a rien à voir avec la doctrine de l'Église du Rév. Dr. SUN MYUNG MOON. Mes livres sont des œuvres individuelles, fruits de mes recherches et de mes analyses objectives.

Ainsi, tous les commentaires et propos contenus dans cet ouvrage m'engagent. Cela ne fait partie du fondement d'aucune doctrine d'Église. C'est comme un inventeur qui livre au monde ce qu'il a découvert après mûre réflexion et une recherche.

Ces recherches ont abouti à l'invention du Modèle

Cosmologique Universel. C'est ce modèle qui rend la compréhension de l'Univers accessible à tous. Ce fut l'un des souhaits du savant anglais agnostique Stephen Hawking. Mes livres serviront désormais de premiers enseignements de cosmologie dans toutes les universités théologiques du monde.

La science a pour but de nous faire sortir de l'ignorance extérieure. C'est pour cela que plusieurs mystères et énigmes font l'objet de recherches. Moi, j'ai orienté mes recherches objectives vers les écrits scientifiques se trouvant dans les livres sacrés, que ça soit la Bible ou le Coran. Ce que je publie n'a rien à voir avec l'évangélisation ou la morale. Je restitue d'une manière objective et scientifique, comme un chercheur, l'histoire de la Création se trouvant dans la Bible et la Torah. Et ça n'a plus rien à voir avec la religion.

Le schéma de la Création biblique est le premier modèle cosmologique qui nous vienne de l'antiquité. Par rapport à d'autres modèles cosmogoniques, le schéma de la Création selon la Bible et la Torah, est le seul qui est divisé en périodes dénommées « jours ». Ce modèle est resté incompris depuis des millénaires jusqu'à ce que je me sois penché dessus.

La compréhension de ce schéma a nécessité les connaissances de plusieurs disciplines, avais-je dit, dont la cosmologie et la théologie (Le Principe divin du Rév. Dr. Sun Myung Moon). Mises en harmonie, ces deux disciplines forment l'Astrothéologie moderne dont je suis l'inventeur.

Depuis l'amélioration des premières lunettes astronomiques par Galilée jusqu'au télescope moderne, la cosmologie, qui est la science qui étudie la structure, l'origine et l'évolution de l'Univers, ne cesse de révéler des surprises aux astrophysiciens. Les observations bouleversent parfois les théories et les calculs, si bien que nul ne peut être considéré comme absolu sans expérimentation.

Certaines prédictions n'ont été validées que plusieurs années plus tard, comme la théorie du Big-bang, dont le concept a été initialement proposé en 1927 par l'astrophysicien et chanoine catholique belge Georges Lemaître, mais qui fut confirmé en 1965 avec la découverte du fonds diffus cosmologique.

C'est pour dire que certaines prédictions contenues dans ce livre ne pourront être validées que plus tard par les astrophysiciens.

Ainsi, ce livre va vous faire découvrir les mystères cachés du schéma de la Création biblique.

Il contient certaines découvertes inédites tant pour la science, la philosophie et la religion. Donc, ce que nous vous présentons dans ce livre de lecture générale fait partie des résultats des recherches et non d'un concordisme.

Introduction générale

Pourquoi la cosmologie selon les modèles bibliques et antiques ?

Tout d'abord, la cosmologie est une science qui étudie l'origine, l'évolution et les structures de l'Univers. Un modèle, par contre, est un schéma, une représentation théorique visant à rendre compte d'un processus, des relations existant entre divers éléments d'un système. (Cfr : vinsvignesvignerons.com/Geologie/Une-breve-histoire-de-la-planete-terre).

Donc, en disant la cosmologie selon les modèles bibliques et antiques, cela signifie l'étude de l'origine, de l'évolution et des structures de l'Univers telles que cela est décrit dans la Bible, la Torah et dans les philosophies antiques. On comprend par-là que ce livre est rempli de versets bibliques sans que cela soit un manuel de religion.

Pour les scientifiques, le titre de ce livre devrait être « La cosmogonie selon les modèles bibliques et antiques ».

En effet, la cosmologie cherche à appréhender l'Univers d'un point de vue scientifique comme l'ensemble de la matière distribuée dans l'espace-temps, alors que la cosmogonie vise à établir une théorie de la Création de l'Univers sur des bases philosophiques ou religieuses. La restitution scientifique du schéma de la Création biblique dans le Modèle Cosmologique-Universel fait que celle-ci passe de la cosmogonie à la cosmologie. Dans le Modèle Cosmologique Universel, nous sommes dans la cosmologie, qui est une branche scientifique de l'astrophysique. Donc, ici, on ne peut retrouver que des versets rationnels qui répondent aux observations et aux expérimentations.

Quel est le champ d'étude de "la cosmologie selon les modèles bibliques et antiques" ? Ce champ couvre l'origine de l'Univers à l'homme intégral selon le schéma biblique de la Création contenu dans le livre de la Genèse. Par homme intégral, on entend poussière des étoiles selon les scientifiques ou poussière de la Terre selon la Bible, plus l'esprit selon le schéma biblique de la Création telle que restituée dans le Modèle Cosmologique Universel.

En effet, l'Univers a bel et bien une origine, et son évolution s'est parachevée à la formation de l'Homme, qui est bibliquement et scientifiquement reconnu comme étant la dernière créature. Mais en disant que l'Univers s'est parachevé à la formation de l'homme, nous ne voyons que la matière, pour laquelle les savants disent que « l'homme est le produit de la poussière des étoiles ». La Bible, à travers le schéma biblique de la Création, a ajouté un aspect très important à savoir : « Après avoir formé l'homme de la poussière de la terre que les scientifiques qualifient de la poussière des étoiles, l'Éternel Dieu souffla dans ses narines un souffle de vie et l'homme devint un être vivant » (Gn 2 :7). Ici, on ne dit pas que Dieu souffla l'air dans l'homme comme le pense tout le monde, mais un souffle de vie, qui est différent de l'air. Ce livre est le premier à aborder le thème.

Par-là, nous pouvons dire que le Modèle Cosmologique Universel, étend sa sphère d'action ou d'étude de l'origine de l'Univers à l'Homme intégral, c'est-à-dire l'Homme qui possède un souffle de vie et non seulement de la poussière des étoiles rendue biologique. Aucun modèle jusque-là n'a étendu sa sphère d'action sur l'univers entier comme le Modèle Cosmologique Universel qui restitue scientifiquement le schéma biblique de la Création. Moïse a tout dit sur toutes les structures fondamentales de l'Univers dans le schéma biblique de la Création sans rien épargner. Dans ce livre, vous allez faire la découverte des points suivants qui sont contenus dans la Bible, dont personne ne vous a jamais expliqué d'une manière convaincante :

• Selon Saint Augustin, lorsque les observations confirment un fait qui est en contradiction avec la Bible, il est de notre responsabilité de revoir notre interprétation biblique. Les observations ont confirmé que l'Univers a été créé il y a de cela plus de 13,8 milliards d'années. Alors qu'en est-il pour les 6 jours de la Création et les six mille ans de l'âge de l'humanité selon la Bible ? La Création et l'évolution méritent-elles réellement d'être confrontées ou nous-mêmes, nous ne comprenons pas ces deux termes ?

• Pour les scientifiques, la première lumière apparut dans l'Univers, soit 380.000 ans après le Big-bang est le fonds diffus cosmologique ou le rayonnement fossile. Quel lien y a-t-il entre cette lumière et la lumière qui était apparue pour la première fois dans l'univers décrit dans le verset « Que la lumière soit et la lumière fut » (Gn 1 : 3) ?

• Selon la science, le Big-bang constitue le point de départ de l'Univers. Qu'en est-il pour la Bible dont le schéma vient du Créateur de l'univers ? Le Big-bang est-il biblique ? Dans l'affirmative, cela confirmera-t-il d'une manière scientifique que Dieu est le créateur de l'univers ?

• Pour la science, il y a un mur qui empêche de comprendre le commencement et auquel les lois de la physique n'y répondent plus. Ce mur est surnommé le Mur de Planck. Mais le premier récit cosmologique écrit 1500 av.J.C. nous dévoile ce qui est en dessous de ce Mur. Il s'agit de la description de la sphère de l'Avant Big-bang telle que nous l'avons découverte dans la Bible et la Torah, et dont les grandes étapes seront décrites dans ce livre.

Alors que selon la physique théorique, cette sphère ne devrait jamais exister, celle-ci a été décrite dans l'antiquité par deux auteurs qui ne sont jamais lus et ayant vécu dans les siècles différents. Il s'agit du guerrier et savant juif Moïse (1500 avant. JC), et du philosophe grec Empédocle (V S. av. JC). Les points communs entre les deux, c'est qu'ils disparurent dans la montagne et leurs corps ne furent jamais retrouvés. Le schéma biblique de la Création fait partie du premier schéma cosmologique. Étant incompris par tous et pour le ridiculiser, il fut relégué à la cosmogonie, soit au rang des récits antiques dont les auteurs ne connaissaient pas les réalités sur l'origine et l'évolution de l'Univers. Mais le Modèle Cosmologique Universel est venu démontrer que c'est un schéma réel, même si l'évolution de l'Univers fut racontée avec des termes simples selon la littérature et les noms de l'époque (1500 ans Av. JC).

Pour apporter plus d'éclaircissements sur ce schéma, surtout pour les théologiens qui le développent parfois sans vraiment comprendre la pensée de son auteur, nous avons tenu à le restituer verset par verset, pas d'une manière théologique, mais selon la science astrophysique, c'est-à-dire selon la réalité. En effet, on ne peut pas parler de la construction d'un édifice en se contentant du langage de la foi. Or, l'univers est comme un édifice quand on pense aux êtres qui l'habitent, mais, il est beaucoup plus comme une machine quand on pense aux manifestations des phénomènes physiques qui se déroulent à l'intérieur sans l'intervention de l'homme.

Le Modèle Cosmologique Universel démontre que derrière la foi avec laquelle les croyants lisent le schéma biblique de la Création, il y a des phénomènes physico-chimiques qui se cachent à l'intérieur. Et ce sont ces phénomènes physico-chimiques qui font l'objet d'études du Modèle Cosmologique Universel. C'est pour dire que le Modèle Cosmologique Universel, n'est pas un modèle basé sur la foi et n'est ni l'œuvre d'un fanatique religieux, mais d'un chercheur.

Notre but dans ce livre est de pouvoir bannir tous les malentendus sur le schéma biblique de la Création, afin que la religion et la science puissent marcher main dans la main pour ce qui concerne les différends qui les opposent sur des problèmes liés à la Création de l'Univers. Parmi ces problèmes, les plus virulents sont :

- Créationnisme ou évolution ?
- Créationnisme ou Big-bang ?

Ces deux questions, qui alimentent les réseaux sociaux et faisant l'objet des débats houleux entre scientifiques et religieux, trouveront leur dénouement dans ce livre. Nous n'allons pas nous borner à des raisonnements philosophiques, qui souvent se limitent à des discours entre l'écrivain et le lecteur et qui ne dépassent même pas les frontières des quatre coins de mur d'une salle de conférence.

Une fois que la question de l'origine deviendra claire dans les yeux des croyants, c'est à partir de là qu'ils pourront asseoir avec assurance auprès des scientifiques et y créer l'unité. Mais, si ne fut-ce que la signification du premier verset de la Genèse n'est connue que par moi-même sur les huit milliards des individus dans l'Univers, alors comment pouvez-vous être sûr que les religieux interprètent correctement les autres versets qui suivent ?

D'après le Modèle Cosmologique Universel, nous avons trouvé dans la Bible et la Torah que le schéma de l'évolution de l'Univers se décompose en trois phases :

- L'Avant Big-bang
- Le Big-bang
- L'Après Big-bang

Mais avant de sillonner dans ces trois sphères, nous allons d'abord aborder les points importants du Principe de la Création du Rév. Dr. Sun Myung Moon, qui est le premier religieux et le premier scientifique aussi à dévoiler les causes des différentes énigmes que les savants découvrent dans l'Univers. Notre but en le dévoilant est de permettre aux savants d'accroître leurs recherches pour résoudre ces énigmes au lieu de se cantonner seulement à leurs connaissances classiques.

Selon les scientifiques, l'origine de l'univers est inconnue et ne peut être prouvée scientifiquement. En plus, le surnaturel ne peut, par définition, être démontré par la science. Par conséquent, pour les scientifiques, la cosmologie selon le modèle biblique ne peut être prise au sérieux. Nous rejetons cette assertion. En effet, il y a un modèle biblique de la Création. Il est décrit aux deux premiers chapitres du livre de la Genèse contenu dans la Bible et la Torah. Le Vatican y veille même sur ça.

Si certains savants comme Galilée ont été condamnés dans le passé, c'est parce qu'ils ont émis des théories jugées contradictoires par rapport aux erreurs d'interprétation du modèle biblique.

La théorie du Big-bang qui est l'une des étapes transitoires de l'Univers n'a été émise qu'en 1925 et reconnue comme vraie en 1965, soit 40 ans après. Aujourd'hui, quelques savants de renommée mondiale ont déjà franchi cette étape de Big-bang. Parmi ces savants, nous avons l'Italien Gabriele Veneziano, les Britanniques Roger Penrose et Bruno Bento, l'Allemand Martin Bojowald, les français Igor et Grichka Bogdanov, les inventeurs du modèle ekpyrotique.

En plus, les résultats des travaux de l'Institut Périmètre du Canada démontrent qu'il y a eu effectivement un Avant-Big-bang. (Cfr : Que s'est-il passé avant le Big-bang ? – Inside the Perimeter)

Un éminent physicien et philosophe français, le Pr Etienne Klein, a dit que la recherche sur l'avant Big-bang ne relève plus du surnaturel. Mais, ce qui sera une révélation pour tous, c'est que le modèle biblique a aussi évoqué le fonds diffus cosmologique ou rayonnement fossile et le phénomène Big-bang.

Ce que nous devrons connaitre est que, c'est le modèle biblique qui fut le premier à offrir le schéma de l'univers de l'Avant Big-bang à l'homme. Et, dans ce schéma, l'homme est la dernière créature confirmée par la science. En outre, le modèle biblique est le premier à dévoiler que l'homme a été fait de la poussière de la Terre (Gen 2 :7) en analysant la situation en aval, alors que la science a confirmé cela en disant que l'homme est fait de la poussière des étoiles, en analysant la situation en amont.

Donc, les astrophysiciens doivent se prononcer sur mon travail seulement après avoir soumis mes écrits à l'épreuve.

Mon travail n'a rien à voir avec la religion ni avec une doctrine religieuse. Je fais la restitution d'un schéma antique. Ce n'est pas moi, ni un Africain qui avait introduit ce schéma qui fait partie de la sagesse juive dans la Bible et la Torah, et auquel je suis en train de subir une épreuve du feu.

Ce livre est divisé en trois parties :

– La première constitue la partie théorique sur l'astrothéologie. C'est dans cette partie que nous découvrirons l'origine et le pourquoi de l'univers, ainsi que l'origine de ces forces créatives.

– La seconde décrit et explique le schéma de l'univers selon la Bible, la torah et la science ;

– La troisième décrit et explique le schéma de l'univers selon les philosophies antiques orientales et occidentales.

PREMIÈRE PARTIE
Théorie sur l'astrothéologie

Chapitre I
Les érudits

La cosmologie est l'étude scientifique des propriétés à grande échelle de l'Univers dans son ensemble. Comme tout domaine de science, la cosmologie implique la formation de théories ou d'hypothèses sur l'univers qui font des prédictions spécifiques pour des phénomènes qui peuvent être testés avec des observations. Alors comment peut-elle avoir des érudits ?

Ce que nous devrons savoir est que la cosmologie est une science qui étudie ce qui existe déjà pendant des milliards d'années. Les premiers pionniers n'étaient pas des cosmologistes formés, mais des autodidactes qui ont fait de la question de l'étude de l'univers leur passion. L'ensemble de tout ce qu'ils ont écrit a constitué l'essence des enseignements en cosmologie.

La spécificité actuelle, c'est l'apport de la mathématique pour en faire une science exacte. Il en est de même en médecine. Au moment où toi et moi avons recours à un médecin formé, à l'intérieur de la forêt d'Amazonie, il y a des guérisseurs qui assurent la survie de la population sans avoir la connaissance universitaire de nos médecins. Sans leur apport, ces villageois seront déjà exterminés, car exposés toujours à une mauvaise hygiène.

C'est pour vous dire que, même sans spécialisation classique, une sage-femme à l'intérieur de la forêt d'Amazonie peut raconter les étapes qui aboutissent à la naissance. Peut-être qu'elle vous dira que le vrai travail commence quand la femme urine. Un médecin intelligent saura qu'elle parle de la rupture de la poche des eaux. Mais un médecin non sage, malgré sa spécialisation, va dire que cette femme n'est pas intelligente pour avoir qualifié ses liquides d'urine. Il oublie que, ne connaissant pas les notions théoriques d'anatomie, la sage-femme a parlé selon ses observations, sauf qu'elle lui manque les termes scientifiques appropriés. C'est ce qui se passe pour les scientifiques quand ils analysent les écrits cosmogoniques.

Les cosmologistes, ne comprenant rien du langage antique, ont traité le schéma biblique de la Création de la cosmogonie et l'ont écarté même dans l'histoire de la cosmologie. Et pourtant, l'Avant Big-bang et le Big-bang sont bien détaillés dans les écrits bibliques depuis le XVe siècle av. J.-C., ainsi que par un philosophe grec Empédocle au Ve siècle avant Jésus-Christ. L'apport de la cosmologie, c'est d'y apporter la mathématique et de confirmer ses écrits cosmogoniques.

Donc, si l'univers est le fruit d'un architecte, ce dernier peut raconter les étapes de sa création à qui il veut et non seulement à un cosmologue formé. Et, Moïse a raconté toutes les étapes sans avoir recours à l'archéologie ou au carbone 14 pour faire conclure par la science que l'homme est la dernière créature.

Ainsi, dans ce chapitre, nous voulons parler des personnes qui n'ont pas eu la formation d'astrophysiciens, mais dont leurs pensées et leurs écrits vont permettre aux physiciens de mieux comprendre l'Univers.

Afin de mieux comprendre une œuvre et de pouvoir la juger, il est important de connaître son auteur. Ainsi, l'histoire de la Création biblique à partir de laquelle nous formulons le Modèle Cosmologique Universel est attribuée à Moïse. C'est dans ces écrits bibliques qu'on retrouve le grand secret de l'Univers.

Ainsi, il est important pour nous de connaître d'abord l'homme selon la science, qui avec la sortie de ce livre aura son nom immortalisé dans le panthéon universel.

Un autre grand érudit sans qui personne n'aurait su la signification de grandes paraboles contenues dans la Bible, c'est le Rév. Dr. Sun Myung Moon. Son enseignement m'a permis de percer le mystère du fonctionnement de l'univers et de mieux comprendre le langage imagé utilisé dans le schéma biblique de la Création.

Section 1
Le prophète Moïse

1.1 Le prophète MOÏSE : le savant des savants

– (1250 à 1030 av. J.C. selon les sources historiques)

– (1593 à 1473 av. J.C. selon les recherches des témoins de Jéhovah)

– (1250 à 1030 av. J.C. selon les sources historiques)

– (1593 à 1473 av. J.C. selon les recherches des témoins de Jéhovah)

Né à Goshen, dans l'Égypte antique (au XVe siècle avant Jésus-Christ), Moïse appartient à la tribu de Lévi, l'une des douze tribus hébraïques qui a migré en Égypte au XVIIe siècle av. J.-C. Fils d'Amran et Yokèbed, il a pour frère Aaron et pour sœur Miriam.

Selon les sources historiques, telles que nous les avons trouvées dans les encyclopédies, Moïse, qui est souvent qualifié de mythe, aurait vécu de 1250 à 1030 avant J.-C. Selon le témoin de Jéhovah, qui mène des recherches plus fiables, l'histoire de la religion indique que Moïse aurait vécu de 1593 à 1473 avant notre ère. (Cfr : le livre « Babylone la grande est tombée »). On peut trouver ces années d'esclavage en Égypte dans les périodes providentielles de l'histoire de la restauration, comme l'explique le révérend. Dr. Sun Myung Moon dans le livre du Principe divin. (Cfr : Présentation du principe divin : éd. Culture et Paix, Paris, 2013, Pp 382-392).

Par conséquent, vouloir restituer à ce jour le schéma de la Création biblique écrit par Moïse, c'est déchiffrer la vérité sur le premier livre de la cosmologie écrit 1500 ans avant. J.-C. Sur des papyrus. D'où est venue cette grande intelligence de Moïse ?

Exode 33 :**11** « *L'Éternel parlait avec Moïse face à face, comme un homme parle à son ami* ».

S'il y a encore un autre homme à qui l'humanité devra rendre hommage d'année en année, comme à Jésus-Christ, à Mahomet (que la paix et le salut soit sur lui), à Bouddha et à Confucius, c'est bel et bien Moïse. Mais son existence, est-elle un mythe ou une réalité ?

Les trois grandes religions monothéistes se réclament de Moïse. Appelé Mosheh dans le judaïsme, Moïse dans le christianisme et Mûssa (Moussa) dans l'islam, il occupe une place primordiale dans la hiérarchie des personnages de l'Ancien Testament : il est le rassembleur du peuple juif, celui qui a reçu de Yahvé les Dix Commandements (ou Décalogue) et qui les a transmis à son peuple.

Peu avant la naissance de Moïse, ainsi que rapportent les écritures, le pharaon d'Égypte a ordonné la persécution des Hébreux et la mise à mort de tous leurs nouveau-nés de sexe masculin. Dans le but de sauver son fils, la mère de Moïse le cache dans une corbeille qu'elle dépose dans les roseaux le long d'une berge du Nil (Ex 2 :4). L'enfant est recueilli par la fille du Pharaon, qui en prend pitié, l'adopte et l'élève comme un prince. Elle lui donne le nom de Moïse qui signifie, selon la Bible : « tirez des eaux ». (Cfr : « Moïse. » Microsoft® Encarta® 2009 [DVD]. Microsoft Corporation, 2008).

Moïse, selon la tradition juive, est considéré comme le fondateur de leur religion : le judaïsme, parfois appelé le mosaïsme, c'est-à-dire la religion de Moïse. Il fut le premier homme à être nommé « homme de Dieu » dans la Bible et le seul à l'être dans la Torah. Il est également cité dans le Coran sous le nom de Moussa comme Prophète et messager d'Allah.

Pour le judaïsme et le christianisme, Moïse est à la fois l'auteur et le personnage principal des cinq premiers livres de la Bible. On lui attribue d'avoir, sous l'inspiration divine, écrit cinq livres de la Bible : la Genèse, l'Exode, le Lévitique, le Livre des Nombres et le Deutéronome, et d'y avoir raconté sa propre histoire, celle des patriarches, ses ancêtres, et celle du peuple d'Israël.

Il est l'un des prophètes dont la pensée influence sans discrimination toute l'humanité jusqu'à ce jour, surtout en matière de droits naturels, source des droits positifs, des droits canoniques et de l'éthique ; dans le monde musulman comme dans le monde chrétien. En se concentrant sur les conséquences physiques des choses qu'il a défendues à la consommation, on pourrait découvrir l'origine de nombreuses grandes maladies. C'est un message que j'adresse surtout à la Nation d'Israël.

Moïse joua le rôle de prophète et de guide en guidant les enfants d'Israël hors d'Égypte, un pays où ils étaient asservis. C'est par sa main que les « prodiges divins » (les dix plaies d'Égypte et plusieurs autres) se seraient réalisés pour la libération du peuple et leur départ vers le pays de Canaan, la terre que Dieu leur a promise.

La plus grande révélation de Moïse, c'est le récit structuré du schéma biblique de la création. En principe, Ce sont les chercheurs ou les personnes qui ont vécu des événements qui nous les transmettent. Mais, qui a vécu les événements de l'avant Big-bang jusqu'à la formation de l'homme, pour les rapporter avec beaucoup de précisions à Moïse, comme nous allons le voir dans ce livre ?

Pour ce qui est de l'avant Big-bang, par exemple, même les scientifiques dans leurs calculs ont conclu que cette sphère est inaccessible. Il n'y a aucune loi physique ni mathématique, qui puisse donner des réponses sur son existence. Et, pourtant Moïse l'a décrit dans la Bible, selon notre découverte. Les paroles de Moïse concernant la Création de l'Univers nous ont été transmises sur des papyrus. C'est ainsi que ce livre « La cosmologie selon les modèles biblique et antique » ne mérite pas d'être lu avec l'arrogance d'un intellectuel ou d'un savant, mais plutôt avec beaucoup d'humilité en pensant à la connaissance et à l'intelligence de la personne qui l'a écrit comme un recit religieux et au cosmologiste autodidacte (qui n'est ni théologie, ni philosophe, moins encore métaphysicien ou physicien) qui est en train de vous le restituer.

Malgré sa grande intelligence et sa sagesse, Moïse attribuait à Dieu sa source d'inspiration ; et moi, je m'aligne derrière lui sans imposer cette croyance à qui que ce soit. Mais du moins, que l'on soit athée ou pas, on est d'accord qu'un plus un font d'eux. C'est pour dire que la vérité reste toujours la vérité pour tout le monde, quelle que soit l'obédience de la personne qui l'énonce ; qu'elle soit athée ou religieuse.

À l'origine, les théories de l'abbé Georges LEMAITRE, un prêtre belge, ont été critiquées en raison de son statut de religieux. Ces théories sont devenues à ce jour avec la relativité générale d'Albert Einstein, le principal fondement du modèle cosmologique. Ils sont appuyés par la majorité des astrophysiciens athées ou croyants.

Alors que les religieux chrétiens l'ont toujours rejetée, mais les athées savent que la théorie du Big-bang est proche de l'histoire de la Création. Voilà pourquoi, de ces jours, ils jubilent quand ils apprennent que le télescope James Webb envoie des images prêtes à la contredire.

Dans le livre « Les prophètes juifs et leurs prouesses scientifiques » et dans le livre « De Noé à Barack Obama », on peut découvrir d'autres exploits de Moïse.

Par exemple :

– En sciences, Moïse fut le premier à domestiquer l'énergie solaire, le premier à faire usage des bombes chimiques et autres, dans la lutte qui l'opposa à ses ennemis. Il fut aussi le premier a découvrir le schéma structuré de l'univers de l'origine jusqu'à l'homme que nous appelons le schéma biblique de la création.

– Dans le domaine de la médecine, il a rédigé des règles préventives connues sous le nom d'impuretés, destinées à punir ceux qui désobéissent. On le retrouve dans la Bible et dans la Torah dans le livre de la Lévitique. Il a mis aussi en garde contre la pratique du clonage et de l'homosexualité. Sachant que les maladies les plus difficiles à guérir sont celles qui se contaminent par le sang, il mit en garde contre sa consommation et l'usage de toutes les pratiques qui peuvent favoriser cela. Pour les Témoins de Jéhovah, cette consommation n'est pas exclusivement buccale, mais générale, allant jusqu'à la défense de la transfusion.

– Dans le domaine de la botanique, il a mis en garde contre l'hybridation et a défini les caractéristiques des plantes qu'on ne peut pas consommer et quand elles peuvent l'être. Il dicta là où on peut trouver des plantes qui possèdent des molécules susceptibles de guérir des maladies incurables.

– Dans le domaine de la gastronomie, il a établi les critères pour déterminer les animaux autorisés à être consommés et ceux qui doivent être évités en raison des microbes, des bactéries, des virus ou autres méfaits qu'ils peuvent apporter à l'organisme de l'homme.

Ces exploits sont présentés dans le livre « Les prophètes juifs et leurs prouesses scientifiques » et dans le livre « De Noé à Barack Obama », ancienne édition.

Le non-respect de ces consignes entraîne des transmissions de maladies effroyables, dont le coronavirus qui a fait des ravages dans l'humanité de 2020 à 2021.

En effet, il n'y a que Dieu qui connaît réellement ce qui peut nuire au corps humain, puisqu'il est le Créateur de toute chose selon les croyants. Tout aliment ou viande défendu ou qualifié d'impur par la Bible contient des éléments nuisibles à la longue pour le corps humain, s'il est mal préparé. La responsabilité des chercheurs à ces jours est de découvrir ces éléments nuisibles ou ces microbes.

Dans leur grande majorité, les chercheurs en archéologie, en philologie et dans d'autres disciplines scientifiques spécialisées dans la Bible et les lieux bibliques estiment que Moïse est un personnage légendaire, c'est-à-dire inventé. Or, l'histoire attribuée à une personne légendaire ne peut aussi être qu'une légende. Et, cette légende, à son tour, devrait avoir un auteur. Et qui est l'auteur de cette histoire légendaire ? Là, les personnes susmentionnées n'ont plus de réponse. Certaines spéculations pensent à des noms tels que Esdras.

Quant à nous, nous soutenons que la précision avec laquelle le Pentateuque est rédigé prouve qu'il a été écrit par une personne qui a effectivement vécu et non par une équipe de personnes. N'est-il pas apparu à Jésus sur le mont de la Transfiguration après 1500 ans, même si ce fut un phénomène spirituel dont l'histoire ne peut attester ? (Mt 17 : 3)

Ainsi, le jour où le vestige que ce personnage a laissé sera découvert et approuvé, la Science remettra Dieu à sa position. À ce jour-là, on ne dira plus la phrase suivante, avant qu'on découvre l'explication scientifique d'une chose ou d'un phénomène : « La nature a pourvu ». Désormais, on dira plutôt « Dieu a pourvu ».

Moïse est bel et bien une réalité vivante et le moment est venu pour que l'humanité jette un coup d'œil à ce qu'il a recommandé pour le bonheur de l'homme, même si c'est contenu dans un livre sacré ou religieux. Nous avons développé et recensés les différentes interdits dans le livre « Les prophètes juifs et leurs prouesses scientifiques » et dans le livre « De Noé à Barack Obama » ancienne version.

Il ne reste plus qu'à l'humanité de le reconnaître en tant que Savant des savants ; titre que les hommes de science emploient à la place de prophètes, utilisés dans les religions antiques.

Dans le monde, il y a suffisamment d'Églises pour exploiter son aspect prophétique. Ici, nous nous limiterons à sa contribution scientifique qui est restée inexploitée jusque-là. Si les scientifiques avaient jeté ne fût-ce qu'un petit regard sur ces théories du schéma de la Création et des choses défendues à la consommation, en laissant les religieux s'occuper de la diffusion des 10 commandements, la religion et la science marcheraient ensemble. Mais les religieux se sont occupés de ce qui les concerne, alors que la science n'a pas pu exploiter sa partie.

Nous voulons rappeler à cette époque du royaume des cieux l'héritage de Moïse que nous devons exploiter. Nous voulons le gratter comme la statue du Bouddha, qui, couverte des sables, cachait de l'or pur.

À l'époque, l'Égypte était une nation extrêmement avancée sur le plan spirituel et technologique. Les vestiges en attestent. Le Pharaon était considéré non seulement comme une autorité physique, mais spirituelle aussi. De ce fait, les princes devraient bénéficier de cette éducation et de cette initiation.

Il est quasiment impossible de déterminer à quelle époque ont émergé les premières formes d'activités scientifiques, si l'on entend par là une connaissance pratique de la nature basée sur l'expérience. Les hommes de la préhistoire se livraient à des activités non instinctives, telles la fabrication d'outils rudimentaires, l'allumage du feu et, plus tard, l'agriculture. Mais, la société antique d'Égypte nous a laissé de grands vestiges tels que les pyramides et les momies, à tel point qu'on ne sait pas quel fut le niveau d'intelligence des hommes de cette époque.

MOISE, que la fille de Pharaon adopta comme son propre enfant, bénéficia également de l'éducation princière. La fille de Pharaon avait pris comme nourricière pour lui une femme hébraïque qui n'était autre que sa propre mère. Celle-ci lui inculqua la tradition et la religion hébraïques. Sa quadruple éducation, à savoir l'initiation à la religion des Hébreux, à la religion des Égyptiens, à la science et à l'armée, fit qu'il soit au-dessus de ses contemporains en sagesse et en intelligence.

Il bénéficia aussi de l'art de la guerre, car le Pharaon devait également assumer le rôle de commandant en chef de l'armée. Ce qui justifia qu'après leur sortie de l'Égypte, les Hébreux ont vaincu tous leurs ennemis durant leur traversée du désert.

Donc, Moïse fut non seulement un prophète, un savant, mais aussi un guerrier ; terme non exploité par la Torah et la Bible pour ne pas ternir sa qualité de prophète. Ce verset en atteste :

Ac 7 : ***22** « Moïse fut instruit dans toute la sagesse des Égyptiens, et il était puissant en paroles et en œuvres »*.

Dans la collection des livres des « Versets des savants » et d'Astrothéologie, », nous allons découvrir ce que Moïse nous a légué dans ses différents écrits ou recommandations, et ce que ni les religieux, ni les scientifiques n'ont compris ou n'ont su exploiter en profondeur jusqu'à ce jour.

En ce qui concerne la genèse de l'Univers, comme elle est présentée dans la Bible, il n'y a eu jusqu'à présent aucun développement. Même les théologiens n'osent publier là-dessus et les pasteurs s'abstiennent d'en faire un sermon. C'est un sujet qui fait somnoler les gens, même à l'Église. Pourquoi ? Parce que, cela fait partie de l'astrothéologie (cosmologie et théologie).

Effectivement, le schéma biblique de la Création, présent dans les deux premiers chapitres de la Genèse dans, est une matière scientifique de grande ampleur qui demande une grande réflexion et des calculs complexes. Mais l'homme en tant qu'enfant de Dieu y arrivera, à condition qu'il commence d'abord par l'hypothèse « Et si ce schéma est vrai ».

En ce qui concerne l'humilité, Moïse s'est effacé en tant que chercheur et savant, mais en mettant Dieu au centre de ses découvertes. Ainsi revenait-il souvent sur ces expressions : « Dieu dit, Dieu fit, Dieu créa », si bien que ces déclarations sont reconnues comme des révélations. Les savants, qui n'aiment pas le mot révélation, ont mis ces découvertes à l'écart, et, ipso facto, l'homme lui-même, oublié.

Jusque-là, aucun savant ou grand homme politique n'a attribué publiquement sa gloire à Dieu, à part les présidents John Fitzgerald Kennedy et Barack Obama qui ne cessaient d'évoquer le nom de Dieu chaque fois qu'ils parlaient de la recherche dans l'Univers ou de l'exploitation spatiale.

Moïse savait qu'il n'avait rien apporté à l'univers en ce qui concerne la cosmologie, science qui étudie la Création pour les religieux et l'univers pour les scientifiques. Ainsi, tout ce que Moïse a eu comme révélation, tout ce qu'il a découvert dans son laboratoire ou dans ses pensées durant les 40 ans de sa vie au palais du Pharaon et les 40 ans de son exil à Madian, il l'a attribué directement à Dieu. D'où la fameuse phrase « Dieu dit » utilisée tout au long du livre de la Genèse. C'est pour dire que la situation était sous contrôle divin. Cette humilité, cette attribution de ses recherches et découvertes à Dieu, lui a valu une élévation de la part de Dieu lui-même.

Ex 33 :11 « *L'Éternel parlait avec Moïse face à face, comme un homme parle à son ami* ».

Ex 4 :**16** Dieu dit à Moïse : « *Aaron parlera pour toi au peuple ; il te servira de bouche, et tu tiendras pour lui la place de Dieu* ».

Ceci pour dire qu'aux yeux des Hébreux, Moïse n'était pas seulement un prophète, mais, il fut aussi comme un dieu pour eux. On comprend pourquoi Jésus-Christ fut cloué sur la croix parce que certaines de ses paroles étaient en contradiction, selon les Juifs, avec les recommandations dictées par Moïse.

La collection des livres "Les Versets des savants" et de 'l'Astrothéologie » sont venus remettre les choses sur les rails. Il y aura désormais de vraies théories et Dieu deviendra une réalité pour les scientifiques.

Même si on ne peut prouver sa propre existence scientifiquement, la Bible – qui est le livre de la religion par excellence – fait référence à lui et prouve l'existence du Dieu Créateur. Moïse, sous l'inspiration divine, a écrit des choses qu'aucun savant jusqu'à ces jours n'a pu découvrir. En qualifiant la période de la déflation cosmique « d'un jour », ses propos furent traités de mythes et son schéma de la Création, de légende.

Enfin, la preuve de l'existence de Dieu ne peut être trouvée qu'en faisant sa propre introspection, c'est-à-dire en s'analysant soi-même, comme c'est écrit dans l'épître aux Romains :

Rm 1 : **20** « *En effet, les perfections invisibles de Dieu, sa puissance éternelle et sa divinité, se voient comme à l'œil, depuis la Création du monde, quand on les considère dans ses ouvrages* ». *Ils sont donc inexcusables.*

Et l'homme est son ouvrage le plus parfait.

Si je vous ai pris trop de temps pour parler de Moïse, c'est pour réveiller votre curiosité sur les vestiges intellectuels qu'il nous a laissés, et que cela pouvait cacher d'autres trésors que j'ai découverts dans le schéma biblique de la Création.

Section 2
Le Rév. Dr. SUN MYUNG MOON
(1920-2012)

Tout au long de ce livre, nous allons évoquer le Principe de la Création. C'est l'une des branches du livre « le Principe divin » qui constitue les enseignements du Rév. Dr. Sun Myung Moon dispensés au sein de « l'Église de l'Unification », devenue à ce jour « La Sainte Communauté de Parent Céleste ».

Le Principe de la Création est l'enseignement fondamental qui nous permet de bien comprendre l'origine et le fonctionnement de l'univers. C'est l'aspect théologique dans l'Astrothéologie et C'est la base du Modèle cosmologique universel.

Au début, nous avons dit que la théologie faisant partie de l'Astrothéologie n'est pas encore intégrée dans l'enseignement classique de la théologie. Il s'agit du Principe de la création du Rév. Dr. Sun Myung Moon

2.1. La vie du Rév. Dr. SUN MYUNG MOON

Né en 1920 en Corée du Nord, le Rév. Dr. Sun Myung Moon fit ses études de lycéen ; section d'ingénieurs électriciens. C'est à l'âge de 16 ans, alors fervent croyant à l'Église chrétienne presbytérienne, que Jésus lui est apparu en lui disant d'achever sa mission. Ne comprenant pas ce que cela signifie, car quelque part, il est écrit « Tout est accompli » (Jn 19 :30), le Rév. Dr. Sun Myung Moon se mit à rechercher profondément la vérité, mais ne comprit le but de ce message qu'à travers les premières paroles de Jésus, à savoir « Le temps est accompli, et le royaume de Dieu est proche » (Mc 1 :15), et ces dernières paroles qui se terminèrent par : « Aujourd'hui, tu seras avec moi dans le paradis » (Lc 23 :43), prouvant que ce royaume n'était pas accompli.

Aucun des messagers de Dieu, après Jésus, n'a jamais compris la différence entre ces deux sphères ; royaume de Dieu et Paradis. Cela n'a jamais aussi attiré l'attention des théologiens, car ils sont limités par l'horizon physique. Le Rév. Dr. Sun Myung Moon fut le premier à pouvoir en dégager la différence dans son enseignement dans le livre « Le Principe divin ».

Âgé de 19 ans, il alla au Japon poursuivre des études d'ingénieur en électronique à l'université de Waseda. Mais le véritable but de sa venue au Japon, selon sa bibliographie, n'était pas seulement les études. L'expérience du Japon lui a surtout permis d'élargir sa vision du monde, d'approfondir sa compréhension des problèmes rencontrés par les hommes de tout pays, et de confronter les principes qu'il avait découverts à tous les acquis scientifiques des temps modernes. Ces études ont été interrompues suite à la guerre.

Malgré cela, sa formation et ses découvertes lui ont permis d'expliquer les origines de l'énergie divine jusqu'au fonctionnement de l'univers en des termes scientifiques. Ce qui constitue une nouvelle révolution dans la théologie et la philosophie, et, pourquoi pas, dans la science.

Son enseignement rapproche la religion et la science, qui jusque-là étaient séparées. Et nous venons aujourd'hui de confirmer cela à travers la collection des livres « Les Versets des savants » et de « l'Astrothéologie ».

Pour avoir osé évangéliser dans un pays communiste, le Rév. Dr. SUN MYUNG MOON a été condamné en Corée du Nord durant sa jeunesse (28 ans) à cinq ans de travaux forcés dans un camp à Hung Nam, où il devrait remplir et transporter chaque jour des sacs contenant les poudres d'ammoniac et des engrais toxiques. C'était un supplice réservé à ce qui méritait la peine capitale, mais dont on devrait le tuer à petit feu. La durée maximum de survie pour le plus fort était d'une année, qu'il dépassa et obtint pour cela le certificat de l'homme le plus endurant.

Alors qu'on exécutait les survivants un par un, il s'échappa après deux ans et huit mois, soit le 14 octobre 1950, grâce à un bombardement des forces des Nations unies sous la conduite du général Marc Arthur qui brisa le mur de la prison. Durant sa vie, il fut reconnaissant envers ce général, car les exécutions du lendemain devaient commencer par son numéro.

Alors qu'il était encore avec toute sa vigueur et son intelligence, à 92 ans, ses poumons ne purent plus jouer leur rôle de filtrer l'oxygène à cause de ce qu'il avait enduré dans le camp de Hung Nam. C'est à cet âge-là qu'il connut son ascension.

2.2 Le Vrai parent

Connu par ses membres comme le « vrai parent » par rapport à Adam et Ève qui furent les faux parents de l'humanité, le Rév. Dr. Sun Myung Moon ne s'est pas attribué ce titre, mais l'a mérité. Depuis 1960 jusqu'à ce jour, il fut le premier dans l'histoire de l'humanité à pouvoir conduire au mariage (matcher) plus d'un million de personnes ; des gens qui ont soumis volontairement leur dossier afin qu'il leur propose un partenaire idéal. De nos jours, les enfants issus de ces couples, appelés enfants bénis, se comptent aussi en millions dans le monde. Et, le Rév. Sun Myung Moon reste pour eux le seul vrai parent.

Le couple Moon : Rév. Dr. Sun Myung Moon et Mme Hak Za HanMoon.

2.3. Le but de l'univers et de notre existence

Le sujet semble être religieux, et pourtant les scientifiques en font aussi leur cheval de bataille. Ils se posent des questions sur le but de l'univers et notre existence.

Le Rév. Dr. Sun Myung Moon est le premier prophète, à apporter le mode d'emploi sur le cosmos. Il le baptisa « Le Principe de la Création », contenu dans le livre du Principe divin. C'est dans ce livre qu'il répond à toutes les préoccupations des scientifiques sur le but de notre existence et le but de l'univers. Cela nécessite aussi des explications verbales que je ne peux mettre par écrit d'une manière brusque.

Beaucoup n'ont à lui que l'image d'un commerçant ou d'un religieux ayant semé les controverses partout. Quand Jésus était sur la Terre, il a dit : *Même les renards et les oiseaux sont plus riches que moi parce qu'ils ont leurs tanières et leurs nids, alors que moi, je n'ai même pas où reposer ma tête.* (Mt 8 :20).

Voulez-vous aussi que tous les Prophètes de Dieu vivent la même situation ? Qu'ils soient des mendiants au point qu'un apôtre aille lui vendre pour trente sicles d'argent qu'il ne peut pas obtenir de son maître ? Être un homme d'affaires ne signifie pas qu'on ne peut être ni philosophe, ni religieux. Et, en plus, c'est grâce à ces études d'ingénierie et sa qualité de religieux, qu'il a écrit le Principe de la Création avec des termes scientifiques qui répondent au pourquoi de l'univers.

Comme je l'ai dit, ce sont des sujets qui sont développés dans ses livres du Principe divin et de La pensée de l'unification, auxquels on ne put aborder que quelques phrases ici.

Section 3
FLAVIEN PHANZU MWAKA

Je préfère mettre une partie de mon autobiographie en rapport avec mon invention du Modèle Cosmologique Universel et de l'Astrothéologie pour éviter des commentaires erronés.

3.1. Vie et Formation

Né le 11 juin 1967 à Kinshasa après avoir passé 11 mois dans le ventre de ma mère. Je suis de la nationalité congolaise (RDC), classiquement Master en économie (Bac + 5), option gestion et finances. Je me suis auto-formé en cosmologie après avoir obtenu mon Master en économie à l'âge de quarante-trois ans et suivi les stages d'Astronome amateur en France.

Ma passion pour la cosmologie m'a conduit à me former en tant qu'autodidacte sur cette rigoureuse science afin de mieux comprendre l'origine de l'univers, son fonctionnement, la Création de la matière de l'infiniment petit appelé particules à l'infiniment grand, qui a culminé avec l'apparition des êtres intelligents et consciencieux.

Pour mieux concilier la théorie et la réalité, j'ai complété cette formation par celle d'Astronomie Masters dans l'Observatoire de Baronnie Provençale dans les Hautes-Alpes en France en 2019, devenant ainsi le premier astronome amateur dans mon pays ; la République Démocratique du Congo. Depuis lors, je fais de va et vient en France pour me perfectionné en Astronomie amateur.

Mes recherches, tendant à vérifier le fondement du schéma biblique de la création, m'ont amené à devenir l'inventeur du Modèle Cosmologique Universel, qui est la restitution scientifique du schéma biblique de la Création et d'autres schémas antiques.

D'un point de vue littéraire, mes livres sont classés comme "scientifico-religieux", simplement parce que je combine la science et la religion pour expliquer les origines et l'évolution de l'univers jusqu'à l'homme. C'est un type de littérature que l'on ne retrouve pas encore dans la classification éditoriale. D'où mes livres sont refusés par les éditeurs traditionnels, car ne sachant dans quelle catégorie les classifier.

Mes recherches alliant sciences, philosophie et religion en cosmologie pour expliquer l'origine et l'évolution de l'Univers, ont donné naissance à une nouvelle science appelée « Astrothéologie », c'est-à-dire « astronomie & théologie » que les astrophysiciens prêtres doivent finaliser. Sur ce, nous pouvons dire que le Modèle Cosmologique Universel est issu de l'astrothéologie.

L'astrothéologie constitue une branche complémentaire de la théologie et de la cosmologie et qui combine d'une manière harmonieuse les versets bibliques liés à la science avec les théories scientifiques. C'est une approche inédite qui nécessite des recherches tout au long de ma vie afin de l'enrichir pour sa prise en compte dans les universités théologiques. C'est aussi une grande contribution à la recherche de l'unité entre la science et la religion.

Dans les prochains jours, tous les chercheurs en théologie commenceront à utiliser mes résultats comme référence en se tenant devant les scientifiques. C'est pour dire que ces résultats s'adressent en particulier aux théologiens et aux scientifiques.

3.2. Ma motivation

Une citation de l'évêque Saint-Augustin citée dans le documentaire scientifique « Cosmos– Au-delà du Big-bang », écrit par Matt HICKEY, dit ceci : *« Si on trouve une interprétation des écritures qui semble aller à l'encontre de ce qui est établi (science), il faut revoir cette interprétation ».* C'est la même démarche que je fais à travers la collection des livres « Les

Versets des savants » et de « l'Astrothéologie », pour lesquels certains religieux me traite d'hérétique.

Hérétique ou pas, ce jugement extérieur n'a rien à voir avec ma relation avec Dieu. Galilée disait : « *Déclarer hérétique le fait de croire à ce qui est prouvé est sans nul doute nocif pour les âmes.* » (Cfr : J.Baker : *50 clés pour comprendre l'astronomie*, éd. Dunod, p11).

Notre promotion à L'OBP/France : à ma droite, Mr. Marc Breton ; le directeur de l'Observatoire. (Septembre 2019)

En écrivant ce livre, j'ai découvert plusieurs lois naturelles et physiques par moi-même, et la majorité fait partie des lois scientifiques que je ne connaissais pas. J'ai préféré maintenir mes déductions avec mes explications pour être bien compris par mes lecteurs.

En effet, le langage des astrophysiciens est trop compliqué pour paraître dans un livre de littérature. Ce que l'on découvre par soi-même, on l'explique bien aux autres plus que ce que l'on vous enseigne. Richard Feynman n'a-t-il pas dit : « *Ce que je ne peux pas créer, je ne le comprends pas* ».

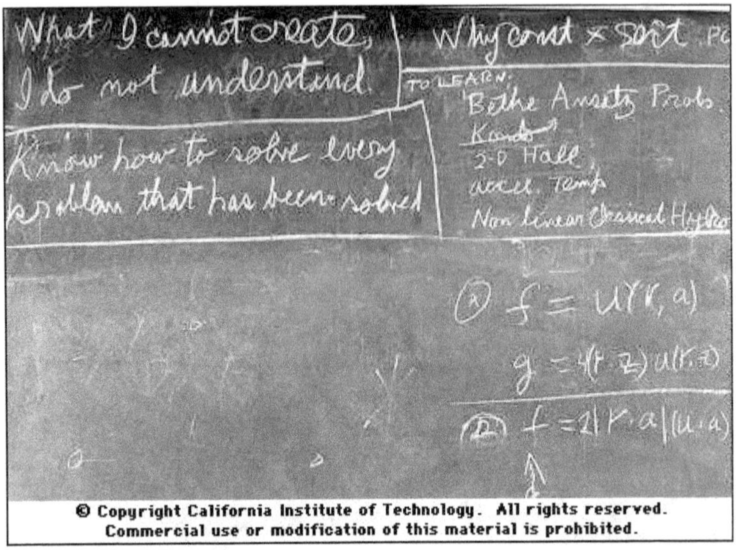

https://qph.fs.quoracdn.net/main-qimg-87833c78a604ff07a82ff7787574e

Expliquant la position de Feynman, un internaute a écrit ceci dans Quora.com et que j'ai beaucoup apprécié : « *Feynman voulait dire ici que comprendre quelque chose n'est pas seulement de travailler à travers les mathématiques avancées.* » *Il faut aussi avoir une notion assez intuitive pour expliquer à un public qui ne peut pas suivre la dérivation détaillée* ».

(Cfr :Mark Eichenlaub in Quora :What did Richard Feynman mean when he said, "What I cannot create, I do not understand ? »)

Cette approche de Richard Feynman est effectivement ce que je fais. Aujourd'hui, je suis le seul qui effectue la vulgarisation non sponsorisée de la cosmologie en Afrique, particulièrement dans mon pays, la RDC. La difficulté de faire la vulgarisation en Afrique par rapport à l'Occident est que vous devrez expliquer chaque mot scientifique et chaque nom commun. Je finance mes vulgarisations avec le peu que je gagne pour la survie de ma famille dans l'entreprise où je travaille. Mes demandes de financement ont été refusées, car aucune entité ne croit en la validité du schéma biblique de la Création. Je suis le seul pour le moment à découvrir que ce schéma est fondé.

3.3. Le Modèle Cosmologique Universel n'est pas une révélation

Si vous voulez que votre vérité sur quelque chose ne soit jamais considérée par la science, appelez-la seulement « révélation ». La science aime les mots « découverte » ou « recherche ». Ainsi, l'histoire de la Création telle que racontée dans la Bible – et qui est la seule vérité absolue, malgré les paraboles dévoilées dans ce livre – n'a jamais fait l'objet d'une recherche scientifique, car elle est considérée comme une révélation et un récit.

Par exemple, le premier livre de la Genèse est constitué des prophéties sur la formation de l'univers. Moïse voyait les choses dans sa globalité, mais, par son intelligence, il a dû reclasser cela par ordre.

Dans le deuxième livre de la Genèse, il a encore mis son intelligence à contribution en se concentrant seulement sur ce qui s'est passé sur la planète Terre. Et là, nous voyons que le schéma scientifique se trouve respecté tel que nous le restituons dans ce livre.

Les savants veulent des preuves ou des arguments solides pour y croire, c'est-à-dire les détails. C'est ce que je m'efforce de faire dans les collections des livres des « Versets des savants » et « d'Astrothéologie » en m'introduisant dans un domaine qui ne faisait pas partie de ma formation classique.

Au départ, je croyais que je faisais une œuvre purement personnelle et que cela n'avait rien à voir avec Dieu. Je me trompais, car en premier lieu, Dieu m'a accordé depuis ma naissance la sagesse, pas d'interpréter, mais de comprendre le langage spirituel, quelle que soit la religion où cela est enseigné. Donc, pour toutes mes découvertes, Que Dieu seul soit glorifié !

En second lieu, comme je l'ai dit, Dieu est venu me blâmer pour avoir écrit : *« Le schéma biblique de la Création doit être considéré par la science comme les autres modèles cosmologiques »*. Et cela, après avoir découvert que le Big-bang est biblique. Ayant eu un peu de somnolence, la réaction divine se fit entendre directement : « *Supprime cette phrase et dites à tout le monde de s'inspirer du schéma biblique de la Création.* » C'est par là que j'ai eu l'assurance que le Modèle Cosmologique Universel est une vérité et finira un jour par être accepté, même si je n'arrive pas à mieux l'exprimer. Je compte pour cela sur les astrophysiciens qui vont m'accompagner.

Quiconque touche aux origines de l'univers touche à la prunelle de Dieu. Voilà pourquoi Dieu s'est intéressé à moi. Voilà aussi pourquoi les astrophysiciens se limitent à analyser l'univers à partir du Big-bang, c'est-à-dire là où les lois de la physique peuvent agir pour ne pas entrer dans le domaine de Dieu sans assurance.

Ainsi, comme je l'ai déjà dit, je porte l'entière responsabilité des imperfections d'idées, de pensées, voire des erreurs, s'il y en a, contenues dans mes ouvrages. Je les écris sans l'aide d'aucun encadreur, ni d'aucun professeur. Comme Moïse, j'ai manqué aussi parfois des vrais mots scientifiques ou des phrases pour expliquer ce qui se trouve réellement dans mes pensées.

Mon but dans mes livres, sans avoir une expérience en littérature, c'est d'exposer seulement le Modèle Cosmologique Universel dans ses grandes lignes, en restituant scientifiquement, mais d'une manière littérale, le schéma biblique de la Création.

(Séance de travail à l'Observatoire de Baronnies Provençales en France/Septembre 2019).

Après avoir reçu l'injonction de Dieu, je devrais me débrouiller seul pour convaincre au monde que le schéma de la Création biblique est fondé.

Comme je l'ai dit et je ne cesserai de le dire, le Modèle Cosmologique Universel n'est pas une question de Dieu ou de la religion. C'est la restitution scientifique du premier modèle cosmologique découvert dans le Papyrus et dont l'auteur attribuait tous les effets à l'intervention divine. Entendez par là, à la volonté de Dieu. Que ce soit un savant croyant ou non, son développement n'a rien à voir avec la foi.

Ainsi, ce livre de littérature scientifico-religieuse, comme on peut le qualifier, constitue, en cosmologie, une nouvelle révolution scientifique après les 100 ans du règne du modèle du Big Bang. Les contenus amorceront d'autres découvertes majeures en donnant une nouvelle orientation aux astrophysiciens et aux cosmologistes. Il en est de même pour la théologie et la philosophie. Les idées et les explications révolutionnaires des versets bibliques contenus dans mes livres seront relayées par les thèses des étudiants en physique théorique, en théologie et en philosophie et permettront une nouvelle avancée dans ces sciences.

Dans le monde des titres, par rapport aux livres des collections

“Les Versets des savants” et ’L’Astrothéologie, », je ne suis qu’un chercheur autodidacte en cosmologie, mais dans le fond, que chacun tire sa conclusion.

3.4. Le Modèle cosmologique Universel n’est pas une prédication

Loin de nous, l’idée d’en faire du Modèle Cosmologique Universel un modèle d’évangélisation. Toutefois, c’est le seul modèle qui sera enseigné désormais dans les facultés des théologies, des philosophies et d’astrophysique. C’est aussi le seul modèle qui sera enseigné dans les lycées et collèges tant confessionnels que publics. Et, en dernier lieu, c’est aussi le seul modèle qui peut faire l’objet d’un sermon et vulgariser tant dans une église que dans une place publique.

Le Modèle Cosmologique Universel est venu rendre la compréhension de l’univers accessible à tous. Ce fut l’un des souhaits du savant anglais agnostique Stephen Hawking, qui a dit :

« Si nous parvenons vraiment à découvrir une théorie unificatrice, elle devrait avec le temps être compréhensible par tout le monde dans ses grands principes, pas seulement par une poignée de savants. Philosophes, scientifiques et personnes ordinaires, tous seront capables de prendre part à la discussion sur le pourquoi de notre existence et de notre Univers. Et si nous trouvions un jour la réponse, ce sera le triomphe de la raison humaine, qui nous permettrait alors de connaître la pensée de Dieu. » (Cfr : Stephen Hawking, Une brève histoire du temps, trad. I. Naddeo-Souriau, Paris, Flammarion, 1989, p. 213).

La Science vise à nous faire sortir de l’ignorance extérieure. C’est pour cela que plusieurs mystères et énigmes font l’objet des recherches. Mes recherches objectives se concentrent sur les écrits scientifiques contenus dans les livres sacrés tels que la Bible ou le Coran. Ce que je publie n’a rien à voir avec l’évangélisation ou la morale. Je restitue d’une manière objective et scientifique, comme un chercheur, l’histoire de la Création se trouvant dans la Bible et ça n'a rien à voir avec la religion.

La religion tend à ramener les gens vers Dieu. Ici, moi, j'essaie de démontrer que le schéma biblique de la Création n'est pas un mythe, mais constitue effectivement le premier schéma cosmologique de l'Univers. Donc, il ne joue qu'un rôle secondaire face au but de la religion.

Le schéma de la Création biblique est le premier modèle cosmologique qui nous vienne de l'antiquité. Par rapport à d'autres modèles cosmogoniques, le schéma de la Création selon la Bible est le seul qui est divisé en périodes dénommées « jours ». Ce modèle est resté incompris depuis des millénaires jusqu'à ce que je me sois penché dessus.

La compréhension de ce schéma a nécessité les connaissances de plusieurs disciplines, dont la cosmologie et la théologie (Le Principe divin du Rév. Dr. Sun Myung Moon). Mises en harmonie, ces deux disciplines forment l'astrothéologie dont je suis l'inventeur.

Ainsi, le Modèle Cosmologique Universel constitue désormais les premiers enseignements de cosmologie dans toutes les universités théologiques dans les programmes d'astrothéologie.

Section 4
Empédocle

4.1. Généralité sur Empédocle

Après avoir parcouru l'histoire de la cosmologie, je n'ai découvert aucun chercheur qui a parlé de ce philosophe. C'est comme si l'histoire de la cosmologie a commencé avec Aristote. Mais mes recherches m'ont fait découvrir que dans le domaine de la cosmologie, Aristote n'a fait que corriger Empédocle. D'où ma curiosité m'a amené à lire les écrits de ce philosophe. En ma qualité d'exégète autodidacte, ce que j'ai découvert à travers ses écrits ne pouvait qu'étonner les astrophysiciens.

En effet, tout comme Moïse dans la Bible, Empédocle a parlé de l'Avant Big-bang, du Big-bang, de l'expansion de l'Univers, d'une matière invisible et d'une énergie invisible.

Ici, nous allons parler d'Empédocle dans la troisième partie et de ses idées d'une manière succincte, car je compte faire des recherches approfondies pour les cosmogonies dont les langages demeurent incompris à notre temps.

D'ailleurs, dans ce livre, tout est développé d'une manière succincte, car nous avons développé la sphère de l'Avant Big-bang dans le livre « Avant Big-bang à la lumière ». Le livre "Le Big-bang est biblique, coranique et antique" explore en profondeur le phénomène du Big-bang. Et nous avons développé l'Après Big-bang dans le livre « Big-bang à l'Homme. ». Tous mes autres livres ne sont que le développement de ce qui est contenu dans ce livre, à savoir « La cosmologie selon les modèles bibliques et antiques".

Comme je l'avais dit, ce livre est la transformation de mon travail de doctorat en Astrothéologie dont je n'ai pas vu dans quelle université je pourrais le soumettre par manque d'un directeur de thèse qui a des connaissances à la fois en astronomie, en théologie de l'unification et en philosophie.

Chapitre II
L'Astrothéologie
(Astronomie et Théologie)

Section 1
L'Astrothéologie

1.1. Origine de l'Astrothéologie

L'Astrothéologie est une symbiose de deux branches : l'astronomie et la théologie. L'astronomie est la science qui étudie tout ce qui concerne les astres, leurs mouvements et les lois qui les régissent, voire leur origine. Le mot, en tant que tel, vient du latin astronomĭa , et celui-ci du grec astronomĭa. (Cfr : https://www.enjeuxdemots.com/science/astronomie/).

La théologie, par contre, est la discipline qui étudie la nature de Dieu et ses attributs, ainsi que la connaissance de la divinité par l'homme. Le mot théologie est d'origine grecque, θεος ou theos qui signifie « dieu » et λογος ou logos qui exprime « étude » ou « raisonnement ».

1.2. L'unité entre la théologie et l'astronomie

Le premier verset de la Bible nous dit que « Dieu est le créateur du ciel et de l'univers (terre invisible et vide) » (Gn 1 :1). Quand on reconnaît Dieu en tant que Créateur, on est dans la théologie. Mais quand on commence à analyser ce qu'Il a créé, on entre dans l'astronomie. Or, les corps spatiaux, y compris tous ceux qui se trouvent sur la Terre, étant la projection divine, on ne peut mieux l'analyser si on est ignorant de sa nature. Par conséquent, on ne peut comprendre l'effet sans connaître la nature de la cause. La nature de la cause est étudiée en théologie dans le Principe divin du Rév. Dr. Sun Myung Moon, tandis que l'effet fait l'objet de l'astronomie.

La séparation de ces deux disciplines fait que l'astronomie ne touche pas au « pourquoi » et la « théologie » ne fait que ruminer sur les résultats de ceux qui analysent le « comment ». C'est dans le souci de créer l'harmonie entre les deux sciences que nous avons créé l'Astrothéologie classique.

1.3. Historique de l'Astrothéologie

Alors que je pensais être le seul inventeur et le premier utilisateur du mot Astrothéologie, je fus surpris de découvrir que ce terme a été mentionné pour la première fois par William Derham au 18e siècle. William Derham fut un théologien anglais, il naquit le 26 novembre 1657 à Stroughton et fut recteur à Upminster, dans le comté d'Essex, en 1689. Ses idées sur l'astrothéologie sont consignées dans plusieurs œuvres, dont *Artificial Clockmaker* (1696) qui connaîtra plusieurs éditions. Ses œuvres les plus connues sont *Physico-Theology* (1713), *Astro-Theology* (1714) et *Christo-Theology* (1730). Les deux premiers ouvrages offrent des arguments téléologiques sur l'être et les attributs de Dieu. (Wikipédia : William Derham).

Pour William Derham, l'astrothéologie est une branche pour défendre la religion chrétienne contre les idées développées par les athées et les infidèles sur des notions astronomiques.

Le terme fut repris par le pasteur américain Ted Peter au XXIe siècle dans son livre « Astrothéologie : "la science et la religion à la rencontre des extraterrestres", publié le 12 juillet, 2018. Pour Ted Peter, il faut un scientifique pour expliquer ce que nous regardons et un théologien pour faire comprendre ce qu'on est en train de regarder.

Dans son livre où on retrouve plusieurs auteurs, les scientifiques font le point sur la recherche de la vie extraterrestre par l'astrobiologie, tandis que les théologiens ajoutent à la science une analyse théologique de la place de l'espace dans la compréhension de l'œuvre créatrice de Dieu, des perspectives de partage de la Création de Dieu avec des voisins extraterrestres et de la question de savoir si une ou plusieurs incarnations sont nécessaires à la rédemption cosmique.

Comme pour William Derham, le volumineux recueil d'Astrothéologie de Ted Peters : « La science et la religion à la rencontre des extraterrestres » est une réponse théologique opportune à ce défi scientifique, un exercice pratique d'interactions mutuelles créatives entre la science et la théologie. En partant de cette position, pour Ted, la tâche des astrothéologiens est d'abord de réfléchir à l'étendue de la Création, car cela implique de régler la question du géocentrisme qui était d'actualité à l'époque de William Derham, soit au 17e siècle.

Le point commun entre Ted Peter et William Derham est que l'astrothéologie est prise comme discipline pour défendre la religion contre les idées athéistes. Cette façon de voir les choses est opposée à notre conception de l'astrothéologie classique.

Pour nous, l'astrothéologie doit dépasser l'étape des arguments et devenir une science qui amène les théologiens à comprendre les notions préliminaires des différentes disciplines de l'astronomie, et les astronomes aussi à comprendre la nature de Dieu qui est le Créateur de l'univers. C'est À travers cette compréhension de part et d'autre que les grandes questions pourraient être débattues sans malentendu, afin qu'on aboutisse aux solutions communes.

Vu sous cet angle du mariage entre l'astronomie et la théologie, nous pouvons nous proclamer comme étant l'inventeur de l'astrothéologie moderne. Plutôt que de la développer sur base des théories, une tâche que nous laissons aux théoriciens, nous sommes allés directement en besogne en restituant le schéma biblique de la Création dans son contexte actuel ; point de discorde entre la science et la religion.

Ainsi, en restituant le schéma de la Création biblique à travers le Modèle Cosmologique Universel, nous avons jeté les bases qui vont permettre désormais aux scientifiques et aux religieux de s'asseoir sur une même table et de parler un même langage. En d'autres termes, nous avons résolu un problème vieux de plusieurs siècles qui a même coûté des vies humaines et des emprisonnements.

Les autres fondateurs de l'Astrothéologie dont nous avons découvert les œuvres dans la bibliothèque sont Jan Irvin et Andrew Rutajit ; auteurs du livre Astrothéologie et chamanisme. Sauf que pour eux, leur astrothéologie scelle le mariage entre l'astrologie, qui est l'art de divination par des signes et la théologie pratiquée dans le christianisme primitif. Dans le même ordre d'idées, nous pouvons aussi classer David Warner

Mathisen qui explore les liens entre les mythes anciens et les étoiles. Son œuvre a pour titre « L'Astrothéologie et la vie » ; éditée par Beowulf Books (14 avril 2017).

Section 2
Les branches d'Astrothéologie

2.1. Projet d'Astrothéologie

Le projet d'astrothéologie que nous soumettons dans ce livre recense effectivement les différentes disciplines complémentaires aux théologiens et aux astrophysiciens. La liste n'est pas exhaustive. Je l'ai fait sur la base de ce que je juge être les matières principales. Mais, pour qu'on arrive à ces matières principales, il y a aussi certaines matières secondaires.

2.1.1. Les cours de science pour les théologiens

– **Physique :** la notion de la vitesse et du temps, la connaissance des phénomènes naturels, la nucléosynthèse et au-delà (fissions et fusions) ;

– **Chimie :** les éléments chimiques ; leur classification et leur propriété ;

– **Biologie** : anatomie, les éléments chimiques intervenant dans l'organisme

– **La physique de la Création :** les particules, les propriétés des particules et le principe de la Création.

2.1.2. Les cours des théologies pour les scientifiques

2.1.2.1. La physique de la Création

La physique de la Création est la combinaison entre la mécanique quantique et le Principe de la Création du Rév. Dr. Sun Myung Moon. Les expressions physiques de cette combinaison ont donné lieu à la mathématique céleste. Ce sont les équations mathématiques liées à la Création de l'infiniment petit à l'infiniment grand.

Aucun théologien à ce jour ne peut faire un discours de l'origine de l'univers à la Création de l'homme qui puisse convaincre les astrophysiciens, tout comme aucun astrophysicien ne peut faire un discours des origines à l'homme que les théologiens peuvent accepter. Aujourd'hui, le Modèle Cosmologique Universel est le seul à offrir le discours qui peut réunir dans une même pièce des scientifiques et des théologiens pour leur expliquer le schéma de l'univers et que tout le monde se retrouve.

Grâce à l'astrothéologie, il devient désormais possible de pouvoir unir les deux disciplines. Dans l'astrothéologie, je ne vois que la restitution du schéma biblique de la Création selon la science, et cela n'a rien à voir avec une quelconque doctrine.

Tout le schéma de la Création relève d'abord de la science naturelle, avons-nous dit. La physique théorique n'est venue que pour mettre des paramètres appelés relativité générale ou mécanique quantique. Mais ces paramètres ne changent rien à la nature de l'Univers.

Donc, L'origine de l'Univers jusqu'à l'Homme fait partie de la science naturelle. Lorsque des paramètres mathématiques sont introduits, cela devient de la physique théorique.

Dans la quête de l'unité entre la science et la religion, les discours sont toujours divergents. Certains défendent le créationnisme et d'autres l'évolutionnisme. Il est nécessaire de créer une science où les théologiens auront une connaissance de base de la cosmologie parce que pour les croyants, l'univers a été créé par Dieu. En plus, les cosmologistes doivent aussi avoir une certaine connaissance de la cause. Ceci devrait être le but de l'astrothéologie.

Dans la Bible, il est écrit : « *Au commencement, Dieu créa le ciel et la terre* » (Gn 1 :1). L'étude basée sur ce premier verset de la Bible fait partie de la théologie. Mais lorsque nous abordons l'étude du second verset, à savoir : « La *terre était informe (invisible) et vide* » (Gn 1 :2), nous entrons dans la cosmologie. Ainsi, l'unité entre la théologie et la cosmologie passe par l'astrothéologie. Sans une conception du schéma biblique de la Création basée sur l'astrothéologie, les deux disciplines resteront toujours séparées.

En effet, pour faire une restitution logique du schéma biblique de la Création contenus dans les deux premiers chapitres de la Genèse, la personne doit avoir des connaissances multidisciplinaires.

Par exemple, pour restituer ne fût-ce que le premier verset du schéma biblique de la Création « *Au commencement, Dieu créa le ciel et la terre* » (Gn 1 :1), il faut avoir des connaissances en théologie et en cosmologie. Donc, il faut être un Astrothéologien. On comprend pourquoi, à ce jour, je suis le seul à avoir restitué ce verset. Pour restituer les versets du deuxième jour du schéma de la Création biblique au quatrième jour (Gn 1 :2-19), il faut être astrophysicien. Pour restituer les versets du cinquième jour au sixième jour, il faut être un astrobiologiste (Gn 1 :20-31). Pour classifier les 6 jours de la Création, il faut être historien, chimiste, anthropologiste et astrophysicien. Tant de connaissances pour concevoir ou restituer le schéma biblique de la Création que les scientifiques ridiculisent.

Il a fallu toute une équipe de chercheurs de plusieurs disciplines pour réaliser la chronologie de l'Univers. Mais dans le schéma de la Création biblique, de l'origine à l'homme, Moïse l'a fait seul. Et, avec le Modèle Cosmologique Universel, c'est approuvé, non pas avec un langage de foi, mais avec un langage scientifique, que le schéma de la Création biblique est fondé.

Il y a des savants en astrophysique, des chercheurs en théologie et des exégètes de la parole de Dieu, mais, avant l'apparition du Modèle Cosmologique Universel, j'étais le seul dans l'humanité à m'intéresser pour acquérir les connaissances de ces trois disciplines. J'ai donc découvert que l'histoire de la Création selon la Bible est scientifiquement logique, plus riche et plus cohérente que tous les modèles que la science nous a proposés. C'est cette découverte que je transmets à l'humanité qui fait de moi un exégète et un cosmologiste autodidacte.

Ainsi, pour mieux comprendre les textes de la cosmogonie,

les branches telles que les notions préliminaires de la cosmologie, le Principe de la création du couple Moon, et le schéma biblique sur la Création restituée scientifiquement dans le Modèle Cosmologique Universel font partie des enseignements de base. Ce sont ces branches qui font partie de l'astrothéologie et doivent être incluses dans tous les enseignements théologiques, philosophiques et de la science exacte. Sans cela, les raisonnements philosophiques émis par les chercheurs resteront toujours partiels, et susciterons toujours des questions.

Tout comme tout ce que les astrophysiciens constatent fait partie des effets, qui font d'ailleurs l'objet de leur science, ils doivent inclure dans leur discipline la cause comme connaissance complémentaire. Et la cause, c'est effectivement l'enseignement du Principe de la création du couple Moon, comme base philosophique de leur enseignement ou connaissance. Ce n'est qu'à travers ces enseignements qu'ils sauront résoudre beaucoup d'énigmes. Cette préoccupation répond à la parole de Jésus qui a dit à ses disciples : « *Je vous parle des choses terrestres et vous ne croyez pas, comment croirez-vous quand je vous parlerai des choses célestes* ? » (Jn 3 :12).

La connaissance des enseignements du Principe de la Création du Rév. Dr. Sun Myung Moon, les notions préliminaires en cosmologie et la lecture assidue du schéma biblique de la Création m'ont permis non seulement d'éclaircir l'histoire de la Création biblique, mais aussi les modèles antiques tirés et exploités par les différentes sectes, y compris les sectes ésotériques. Cela m'a aussi permis d'offrir une explication claire de la formation de l'homme selon le Coran et d'émettre certaines hypothèses en cosmologie sur lesquelles la science tranchera plus tard.

En effet, en lisant les différents écrits scientifiques et cosmologiques publiés jusque-là, l'univers, comme un œuf, s'est éclos par la force des énergies lors d'un phénomène baptisé Big-bang. Pour la cosmologie classique, avant la publication de ce livre, tout a commencé par-là. Dans le Modèle Cosmologique Universel par contre, qui est la restitution scientifique du schéma de la Création biblique, le Big-bang ne fut qu'un passage d'un univers en compression vers un univers en expansion.

À ce point, nous voulons démontrer théoriquement que le modèle biblique doit faire partie de la cosmologie à travers la restitution scientifique des chapitres premier et deuxième de la Genèse. C'est cette restitution qui a donné naissance au Modèle Cosmologique Universel.

Ainsi, voyons bibliquement la vérité sur le commencement et l'évolution de l'univers :

Ge 1 :2 *La terre était informe et vide ; il y avait des ténèbres à la surface de l'abîme, et l'Esprit (un vent) de Dieu se mouvait au-dessus des eaux.*

Ge 1 : 7 Et Dieu fit l'étendue, et il sépara les eaux qui sont au-dessous de l'étendue d'avec les eaux qui sont au-dessus de l'étendue. Et cela fut ainsi.

Ge 1.9 Des eaux du dessous, la terre apparut

Ge 1.14 (Des eaux du dessus), les luminaires furent créés.

2.2. Interaction entre l'Astrothéologie et les autres branches

Par interaction, il faut entendre le point de rencontre. Nous pouvons la définir comme une relation existant entre deux disciplines ou plusieurs disciplines et qui fait que les recherches de l'un sont déterminées par les recherches de l'autre ou que les résultats de l'un confirment les résultats de l'autre.

2.2.1. L'astrophysique et la cosmologie

L'astrophysique se définit selon Joachim Herrmann comme l'étude de l'univers par des moyens physiques. (Cfr : J. Herrmann, Atlas d'astronomie, édit. Stock, Paris, 1976). La cosmologie est la branche de l'astrophysique qui s'intéresse à l'origine, à la nature, à la structure et à l'évolution de l'univers pris dans son ensemble.

L'astrophysique est l'expression littérale de la mathématique de l'Univers. Il a récupéré les idées de certains philosophes dans le développement de son histoire, tout en rejetant ce dont les pensées ont été consignées dans des livres sacrés, c'est-à-dire dans la religion. C'est le cas du schéma de la Création contenu dans la Torah, la Bible, le Coran et d'autres livres religieux.

À ce jour, pour expliquer les mystères de l'univers, les scientifiques se fondent sur ce qu'ils voient et en tirent des déductions. Moi, par contre, je me suis fondé sur ce qu'on ne voit pas, c'est-à-dire la confrontation des forces énergétiques au début de l'univers, pour aboutir à ce qu'on voit, qualifié par les savants d'univers observable.

Leur recul et mon avancement nous ont fait atterrir dans un même aéroport dénommé Big-bang. Désormais, nous devrons tous décoller ensemble pour aboutir aux vraies connaissances sur l'Univers, en unissant les points de vue de l'astrothéologie et de l'astrophysique.

En astrothéologie, la branche principale et incontournable est le Principe de la création ; une branche du Principe divin du révérend Dr Sun Myung Moon. Les savants de ces deux branches, Théologie et Cosmologie, éprouvent toujours le désir de faire des sermons. Ceux des scientifiques sont appelés vulgarisations.

Ainsi, en Astrothéologie, la cosmologie est l'étude détaillée et scientifique du schéma biblique de la Création. Il faut dire que jusqu'à aujourd'hui, la cosmologie n'a pas encore intégré l'avant Big-bang, c'est-à-dire ce qui s'est passé au premier jour biblique. Cette intégration est déjà faite dans le Modèle Cosmologique Universel qui restitue le schéma biblique de la Création.

2.2.2. L'Astrothéologie et la théologie

La théologie comprend un ensemble de disciplines, allant jusqu'aux sciences sociales. De l'étude de Dieu et des faits qui lui sont liés, nous nous insistons beaucoup plus sur la connaissance du Principe de la Création du Rév. Sun Myung Moon qui explique le fonctionnement de l'Univers à partir des caractéristiques divines.

En effet, Dieu étant la cause et l'Univers la projection, c'est dans le premier que nous pouvons découvrir comment fonctionne le dernier.

Souvent, la science est ignorante des forces invisibles qui attirent les éléments microscopiques dans l'espace à pouvoir se combiner ou se fusionner. Actuellement, on parle du graviton, mais la réponse est plutôt à rechercher dans la théologie, notamment dans les caractéristiques duelles de Dieu telles que développées dans le Principe de la Création du Rév. Dr. Sun Myung Moon.

Ainsi, dans l'astrothéologie, on n'est pas focalisé sur les attributs de Dieu, mais sur les aspects de sa nature qui influent sur la Création ; celle-ci étant au départ des énergies émanant de Lui. Dans la phrase biblique *« Au commencement, Dieu créa les cieux et la terre »*, nous avons dit que le « ciel » représente la sphère spirituelle, et « la terre », la sphère physique ou l'univers. L'étude du contenu du premier terme nous plonge dans la théologie, tandis que l'étude du second nous renvoie dans l'astronomie.

Sans se compléter, les deux sciences auront beaucoup de failles. D'où le langage des sourds qui les caractérise actuellement autour des mots tels que créationnisme, évolutionnisme, Big-bang ou pas Big-bang. En plus, entre eux-mêmes les scientifiques, il n'y a pas une attente sur l'origine de l'Univers, la lecture du fonds diffus cosmologique. le Big-bang est il l'origine ou le rebond ?

La plupart des astrophysiciens croyants cherchent à sauver la face de la religion, mais une théologie sans cosmologie reste incomplète. L'Univers représente le monde physique. Ensemble avec le monde spirituel, elle forme le cosmos. D'où, les notions théoriques et préliminaires de la cosmologie doivent aussi faire partie de la théologie.

La théologie et la science ont toujours ignoré que le trait d'union entre Dieu et l'homme, c'est l'univers. La théologie étudie les aspects de Dieu et de l'homme tout en oubliant qu'avant que ce premier s'intègre dans le deuxième, il dut au préalable le façonner par la poussière de l'univers, appelée *« poussière des étoiles »* par la science, et *« poussière de la terre »* dans la Bible et le Coran.

La science a analysé la situation en amont en parlant de la « *poussière des étoiles* » et la religion parle de la « poussière de la terre » (Ge 2 : 7) en se basant en aval. Avec le Modèle Cosmologique Universel, l'histoire de la Création biblique devient désormais dans l'Astrothéologie « le schéma biblique de la Création ».

En adoptant le Modèle Cosmologique Universel comme une partie de la cosmologie, chaque nom devra être compris, non pas littéralement, mais selon son raisonnement dans la science cosmologique – plutôt que théologique. Car, dans la Science théologique, chaque nom est interprété selon sa signification étymologique. Dans la collection des livres « Les VERSETS DES SAVANTS » et « d'Astrothéologie », nous sondons, non pas le mot ou le nom qui a été employé dans l'antiquité, mais la pensée même de l'auteur.

2.2.3. La métaphysique et la théologie

À quoi la théologie se différencie-t-elle de la métaphysique ? La métaphysique (Métaphysique = au-delà de la physique) est une science philosophique qui questionne d'abord l'existence des choses ou des événements tels qu'ils nous apparaissent, et qui tente ensuite de décrire et d'expliquer ce qui existe vraiment (Cfr ; Wikipédia ; Métaphysique). Donc, l'homme est au centre de sa réponse et Dieu peut ou ne pas être évoqué.

Dans la théologie, par contre, Dieu est le fondement de toute chose et tout dans l'univers fonctionne selon ses caractéristiques duales (Ro 1 :20). Elle intègre l'étude de la cosmologie comme étant l'un des aspects extérieurs de Dieu.

La métaphysique se définit comme une « partie fondamentale de la réflexion philosophique qui porte sur la recherche des causes, des premiers principes ». (https://www.cnrtl.fr/definition/m%C3%A9taphysique).

Comme nous venons de le voir dans la problématique de la cosmologie, tous les cosmologues raisonnent au-delà de leurs pensées. Ce sont ces pensées qui leur permettent d'émettre des hypothèses avant que la science ne vienne à la rescousse.

"Supprimer la métaphysique ferait de l'art et de la science des squelettes pétrifiés, dépourvus d'âme, incapables du moindre développement ultérieur." (Cfr : Erwin Schrödinger, physicien ; https ://www :Sciencecritique. com/contact/edi_monde /505622).

Le Big-bang lui-même se trouve très, très loin du domaine de Dieu. Défoncer la porte du Big-bang était supposé entrer dans la métaphysique. Or, l'histoire de la Création dans la Bible n'a rien à voir avec la métaphysique. Moïse est en train de raconter en détail ce qui s'est réellement passé, mais avec le langage de son époque, déformé un peu par les traducteurs. Peut-être la vraie traduction du premier et du deuxième chapitre de la Genèse viendra avec les astrothéologiens, d'autant plus qu'avec le Modèle Cosmologique Universel, l'étude du schéma de la Création selon la Bible devient très intéressante.

Ainsi, comme indiqué dans le titre du livre, la cosmologie dans l'astrothéologie inclut Dieu comme étant le Créateur. Le nom de Dieu apparaît comme étant le contraire ou l'opposé du « hasard de la nature ». C'est comme s'il y a deux créateurs ; à savoir, « Dieu » pour la religion et le « hasard de la nature » pour la science.

Les démarches du Modèle Cosmologique Universel restent scientifiques si on peut expliquer les phénomènes cosmologiques liés au schéma biblique de la Création que la science peut vérifier, avec des hypothèses qui, un jour, se traduiront par des théorèmes, lois et formules.

Dans le documentaire scientifique : « L'UNIVERS A-T-IL JAMAIS COMMENCE ? » Conférence du physicien français Étienne Klein sur Science & You, le scientifique se méfie de la singularité du Big-bang qu'il considère comme une étape transitoire et démontre que l'étude sur l'avant Big-bang ne peut pas être considérée comme métaphysique, mais comme physique.

Section 3
L'astronomie et la cosmologie

3.1. L'astronomie

L'astronomie, avons-nous dit, est la science de l'observation des astres, cherchant à expliquer leur origine, leur évolution, ainsi que leurs propriétés physiques et chimiques.

Les branches de l'astronomie sont :

- **L'astrophysique**, qui étudie les caractéristiques des corps célestes ;
- **L'astronomie de la position**, qui mesure et détermine la position des étoiles ;
- **La mécanique céleste**, qui se concentre sur le mouvement des étoiles ;
- **La cosmologie**, qui théorise sur la formation et l'évolution de l'univers.

C'est cette dernière branche qui intéresse les théologiens pour comprendre l'Univers et leur permettre de contribuer aux débats.

3.2. La Cosmologie

La cosmologie est l'étude de l'origine de l'Univers et de son évolution. C'est à partir des notions cosmologiques qu'on peut restituer le schéma de la Création biblique. Nous l'avons fait et, par respect du schéma original contenu dans la Bible, que n'importe qui peut exploiter, nous avons baptisé notre restitution le Modèle Cosmologique Universel.

3.2.1. La problématique de la cosmologie

Pour plusieurs auteurs, la cosmologie ne peut être prise pour une science pure. Lisons quelques citations tirées de l'article d'Anthony ETHEVE dans « Le Big-bang, la cosmologie et la Bible » (cfr : https://questcequelaverite.com/le-Big-bang-la-cosmologie-et-la-Bible) :

Selon James Gunn, professeur d'astronomie : « *La cosmologie peut ressembler à une science, mais ce n'est pas une science. Un principe de base de la science est que vous pouvez faire des expériences reproductibles, et vous ne pouvez pas le faire en cosmologie* ». *(Cfr :* James Gunn (Eugene Higgins Professor of Astronomy at Princeton University), in Cho, A., A singular conundrum : How old is our universe ?) Science 317 :1848–1850, p. 1850, 2007).

Pour Richard Lieu, professeur d'astrophysique à l'université d'Alabama, « *la cosmologie n'est même pas de l'astrophysique : toutes les hypothèses principales dans ce domaine ne sont pas vérifiées (ou invérifiables) en laboratoire, et les chercheurs sont assez à l'aise pour inventer des inconnus pour expliquer l'inconnu* ».

Pour l'astronome Halton Arp ((1927-2013, Max Planck Institute for Astrophysics ; Geoffrey Burbidge, Center for Astrophysics and Space Sciences at the University of California), « *La cosmologie est unique en science en ce qu'elle est un très grand édifice intellectuel basé sur très peu de faits* ».

À travers toutes ces considérations, nous pouvons en déduire que tous les modèles que les cosmologistes nous ont proposés jusque-là sont pour la plupart bâtis sur des hypothèses. Mais, avec la restitution du schéma biblique de la Création dans le Modèle Cosmologique Universel, l'homme retrouve maintenant le vrai schéma de l'univers de l'origine jusqu'à l'homme. Par conséquent, le Modèle Cosmologique Universel devient le baromètre auquel les autres schémas peuvent se mesurer pour voir s'ils sont dans le vrai ou dans le faux.

En nous basant sur ces remarques, souvent quand nous essayons d'évoquer la Bible, les scientifiques nous tournent directement le dos. Or, au départ, tous les coups sont permis dans la cosmologie, avant que les observations et l'expérimentation viennent y trancher. Nous n'offrons pas un langage de foi, mais nous soumettons tous nos arguments à la science pour des amendements comme dans les autres modèles.

3.2.2. Le schéma de création biblique et la cosmologie

3.2.2.1. Présentation du schéma biblique de la Création

Le schéma biblique de la Création, décrit dans les deux premiers chapitres de la Genèse dans la Bible, fait partie de la cosmologie. Ces deux chapitres de la Genèse sont liés.

Au premier chapitre, l'auteur qui est Moïse fait de Dieu le seul architecte de la Création. Au deuxième chapitre, par contre, il entre effectivement dans la cosmologie en détaillant ce qui s'est passé physiquement.

Par exemple, au premier chapitre, il parle de la Création de l'homme et s'il s'était limité par-là, les croyants auront cru que l'homme est sorti par un miracle, par la Parole. Au chapitre II, par contre, il précise que l'homme ainsi que tous les êtres vivant ont été créés de la poussière de la Terre. De quelles poussières s'agit-il ? La science en a déjà détaillé en les qualifiant de la poussière des étoiles. Pour les connaitre, on n'a qu'à lire la composition d'un médicament multivitaminé.

Au premier chapitre, l'apparition des plantes a été citée au troisième jour, mais au second chapitre, Moïse a éclairci son idée en disant que la terre était déserte parce qu'il n'y avait pas encore plu. Or, pour qu'il puisse pleuvoir, il faut le soleil et ceci a été créé au quatrième jour. C'est pour dire que tous les organismes vivants, à commencer par les plantes, sont apparus selon le schéma biblique de la Création, au cinquième jour, c'est-à-dire à la cinquième étape dans l'évolution de l'Univers. Dans la seconde partie, nous allons voir pourquoi, au premier chapitre de la Genèse, l'apparition des plantes a été citée au troisième jour et, au deuxième chapitre, elle se retrouve à la cinquième étape, comme la science le confirme aussi.

On ne peut pas classer le schéma biblique de la Création dans la cosmogonie en tenant compte seulement de l'époque où cette histoire a été écrite. S'il répond aux observations scientifiques aujourd'hui, alors il devrait faire partie de la cosmologie. Dans la série de livres « Les versets des savants » et « l'Astrothéologie », nous faisons la démonstration que le schéma biblique de la création répond aux observations et aux expérimentations.

Dans notre étude sur l'astrothéologie, nous avons récupéré toute la partie du schéma biblique de la Création pour l'éclaircir à travers le Modèle Cosmologique Universel. Et cela, en commençant par le début du premier chapitre de la Genèse, jusqu'à la fin du deuxième chapitre. Nous avons répondu d'une manière convaincante à toutes les questions que les scientifiques se posent et nous posent autour de ce schéma, et cela à travers nos différentes publications et vulgarisations..

Quelqu'un sur quora.com m'a rendu ce témoignage : « *Je vous félicite parce que vous êtes le seul dans la chrétienté à confronter les savants dans la cosmologie.* » J'aurais pu noter toutes les références si j'avais su qu'un jour j'introduirais ce témoignage dans un livre. Mes réponses dans Quora.com sont légion, que cela me prendra plus de temps pour le redécouvrir. Déjà, la façon dont je gagne ma vie en Afrique me prive des temps de recherches et d'exposer mes hypothèses. Aucun organisme international non gouvernemental ne veut sponsoriser un non-chercheur ou lui offrir une bourse, et tous mes appels auprès des politiciens de mon pays restent sans réponse. Et, pourtant, je me bats pour faire introduire le nom de mon pays, la République Démocratique du Congo, dans la science à travers mes hypothèses qui, un jour, seront reconnues comme fondées.

Dans l'astrothéologie, science dont je suis l'inventeur, nous évitons le langage de foi. Nous tendons à démontrer avec des termes scientifiques le fondement de chaque verset du schéma de la Création biblique. Ce qui m'a révolutionné et qui m'a poussé à faire une étude de 10 ans pour sonder le schéma biblique de la Création en profondeur et parvenir à le restituer sans accusation de conscience, c'est d'abord la curiosité, car la cosmologie fait partie de ma passion. En plus, ce sont les injures dont les athées et certains scientifiques ont commencé à qualifier ce schéma biblique. Tout cela parce que les théologiens ne se sont préoccupés que du premier verset de la Genèse qui dit que « Au commencement Dieu créa le ciel et la terre », tout en étant incapables de démontrer le fondement scientifique de ce qui vient après. Même ce premier verset, c'est moi qui suis le premier dans l'univers à dévoiler sa signification, et cela va nécessiter la mise à jour de tous les commentaires bibliques qui sont publiés jusqu'alors.

Chapitre III
Le Modèle Cosmologique Universel

Le Modèle Cosmologique Universel est la traduction en langage scientifique du schéma de la Création, tel qu'écrit dans les chapitres premier et deuxième de la Genèse. Cette traduction scientifique sera désormais le fondement de tous les modèles bibliques. Ce modèle devrait être enseigné désormais dans toutes les facultés théologiques du monde. C'est le seul modèle qui combine d'une manière harmonieuse l'explication sur l'origine et l'évolution de l'univers selon la science et la religion.

Tout théologien qui sera ignorant de ce modèle n'aura qu'une connaissance primaire du schéma biblique de la création et ne pourra prendre part dans un débat scientifique.

Section 1
Le Modèle Cosmologique Universel et le modèle biblique

Le Modèle Cosmologique Universel est la restitution des travaux des recherches objectives sur le schéma de la Création biblique et d'autres schémas contenus dans les livres sacrés et les philosophies antiques. Ces résultats s'adressent en particulier aux théologiens et aux scientifiques. Tandis que « les modèles bibliques » représentent l'ensemble des modèles des autres savants qui viendront appuyer la Bible, même si mes explications diffèrent des leurs dans certains points. Nous pouvons qualifier cela de compléments.

1.1. Problématique sur l'analyse du schéma biblique de la Création

Pour le Vatican, *« la religion nous dit que c'est Dieu qui a créé l'univers, tandis que la science nous dévoile comment il l'a fait »*. Voilà ce que nous avons pu lire dans l'Observatoire du Vatican. Par conséquent, selon les prêtres, on doit laisser le schéma biblique de la Création tranquille dans son coffre.

Aujourd'hui, Avec le Modèle Cosmologique Universel, bâti sur les connaissances élémentaires de la théologie, de la cosmologie et du Principe de la Création du Rév. Dr Sun Myung Moon, nous allons découvrir que le schéma biblique de la Création est plus complet qu'on ne le pensait.

Non seulement ce modèle nous dit que c'est Dieu qui a créé l'univers, mais en plus, il nous démontre comment il l'a fait.

Dans cette restitution que nous voulons scientifique, nous nous en passons de la Création pour ne parler que de la démonstration, c'est-à-dire comment l'Univers a commencé sans toucher l'origine de l'origine et comment il a évolué, même si nous nous en référons aux versets bibliques comme étant pour nous des citations scientifiques et non des paroles de foi.

Beaucoup me demandent si j'avais pratiqué la méthode scientifique, si j'avais compris le formalisme derrière ces théories, et comment il a été, petit à petit, mis au point. Et pourquoi jusque-là, aucune déduction n'a jamais été produite à partir de la Bible.

Voilà ma réaction : si vous êtes le propriétaire d'une maison et que vous étiez témoin de sa construction, vous pouvez raconter le détail dans un livre ordinaire. Plus tard, après des milliers de générations, certains vont considérer vos propos comme un récit, d'autres comme un conte. Pour qu'on arrive à la déduction que ce que vous avez dit est vrai, il faut que les architectes viennent l'étudier. C'est aux architectes aussi de découvrir toutes les dimensions et les matériaux qui ont été utilisés.

Pour ce qui est du schéma de la Création contenu dans la Bible, aucun astrophysicien en tant qu'architecte n'a eu l'idée de l'étudier en détail et de le confronter avec les observations. Moi, je l'ai fait et je publie les résultats dans mes livres, avais-je dit.

La Bible n'étant pas un livre scientifique, il ne peut se limiter qu'à la forme. À cause de cela, les astrophysiciens et les athées prennent le schéma biblique de la Création comme un conte de fées. Et pourtant, le récit biblique de la Création détaille même l'avant-BigBang dont les scientifiques n'arrivent pas à percer les mystères. C'est dans mes publications qu'on peut découvrir le grand schéma de l'Avant Big Bang et comment ce fut une sphère mouvementée et non une aporie.

1.2. Historique du Modèle Cosmologique Universel

Le Modèle Cosmologique Universel est un ensemble des vérités que j'ai découvertes quand je vérifiais si le schéma biblique de la Création est fondé ou n'est qu'un mythe. Ces recherches ont débuté en 2010 et la première publication a été faite dans la première version de ce livre en 2020 pour commémorer les 100 ans du règne du Big-bang, tout en dévoilant pour la première fois le schéma de la sphère d'Avant Big-bang.

En plus, mes recherches sont étendues à des écrits des philosophes oriental et occidental antiques afin de déceler toutes les vérités faites par l'homme sur l'Univers sans s'en tenir à la science actuelle.

1.3. Le schéma biblique de la Création et le modèle cosmologique

Un **modèle cosmologique, quel qu'il soit**, est une description par les mathématiques de tout ou partie de l'histoire de l'Univers, reposant sur une théorie de la physique. De nos jours, tous les modèles cosmologiques viables sont basés sur le modèle du Big-bang, dû au prêtre catholique Georges Lemaître, dans lequel l'Univers a connu une phase très dense et très chaude il y a environ 13,7 milliards d'années. (https://fr.wikipedia.org/wiki/Mod%C3%A8le_cosmologique).

Dans le Modèle Cosmologique Universel, qui restitue le schéma biblique de la Création, le phénomène Big-bang se retrouve à la seconde étape comme étant un rebond. C'est pour dire que le Modèle Cosmologique Universel commence à l'Avant Big-bang et, n'est le concordisme d'aucun modèle.

En effet, l'analyse mathématique de l'univers du Big-bang à nos jours fait souvent intervenir la relativité générale ou autre théorie relativiste de la gravitation. Mais quand on intègre l'avant Big-bang comme faisant partie de l'Univers, les choses se compliquent au simple fait que ces paramètres sont basés surtout sur la physique de la Création ; c'est-à-dire la mécanique quantique et le principe de la Création selon le Modèle Cosmologique Universel.

Autre fait est que les paramètres de la mécanique quantique ou de la physique quantique n'y répondent plus dans la théorie de la relativité générale ou autre théorie relativiste de la gravitation. C'est pour cela que l'intégration de l'avant

Big-bang dans l'Univers telle qu'expliquée dans la relativité générale pose problème au point de conjonction de l'Univers condensé. Or, selon le Modèle Cosmologique Universel, depuis le Big-bang, notre univers est caractérisé par l'accélération, alors que l'univers d'Avant Big-bang était caractérisé par la décélération ou la déflation cosmique. D'où la question qu'on peut se poser : « Est-ce que le schéma biblique de la Création est-il cosmologique ? »

Pour les scientifiques, la réponse est négative parce que pour eux, ce modèle prône le créationnisme qui s'efforce de proposer un modèle fondé sur l'explication littérale du récit du Livre de la Genèse sans faire appel à la mathématique, particulièrement à la relativité générale. En lisant ce récit dans la Bible et en le comprenant littéralement, nous pouvons dire qu'ils ont raison. Seulement, ce récit date de 1500 ans av. JC. À cette époque-là, le langage scientifique n'était pas aussi développé et l'auteur racontait comment l'Univers a été créé en utilisant le langage simple et en faisant appel à des formes imagées que les gens pouvaient comprendre. Par exemple, à la place des particules à l'origine de l'univers, il dut utiliser le mot « eau » et à la place de l'énergie, il dut utiliser le mot « esprit ».

De nos jours où avec le développement du langage scientifique, chaque élément ou composante est restitué à son vrai nom, nous avons aussi restitué le schéma biblique de la Création dans le Modèle Cosmologique Universel dans un langage actualisé. Cette restitution ne fait pas du créationnisme un principe, mais tente de dévoiler les différents ingrédients physiques ayant contribué à la formation de l'Univers. D'où viennent ces ingrédients ? C'est par là qu'on pourrait parler du créationnisme qui ne se retrouve que dans le premier verset du premier chapitre de la Genèse qui dit : « *Au commencement, Dieu créa le ciel et la terre* » (Gn 1 :1).

Les créationnistes ne savent même pas comment développer ce premier verset de la Genèse. C'est un mystère divin, disent-ils.

Selon le Modèle Cosmologique Universel, l'Avant Big-bang commence à partir du second verset du premier chapitre de la

Genèse où il est écrit « *la terre était invisible et vide* » (Gn 1 :2). À partir de ce verset, certes, tout est raconté d'une manière littérale, mais rien n'empêche aux astrophysiciens d'y introduire la mathématique aux diverses évolutions qui ont suivi, dont l'auteur l'intercalait par les dictons « Dieu dit, Dieu fit, Dieu créa ».

L'auteur du schéma biblique de la Création ne s'est pas préoccupé de la description de l'Univers, mais il s'est limité à son origine et à son évolution jusqu'à l'homme, répondant ainsi à la définition de la cosmologie qui est l'étude de l'origine, des structures et de l'évolution de l'Univers. Ces différentes étapes sont clairement expliquées dans le Modèle Cosmologique Universel. C'est entre ces différentes étapes qu'on peut faire intervenir la mécanique quantique et la relativité générale et vérifier si ce schéma ne répond pas à ces calculs et aux observations.

En conclusion, le schéma biblique de la Création restitué dans le Modèle Cosmologique Universel est cosmologique, même si certains paramètres et prédictions faisant partie de l'Avant Big-bang ne seront découverts ou acceptés que plusieurs années plus tard, étant donné que ce sont des vérités incontestables.

1.4. Contenu du Modèle Cosmologique Universel

Personne ne s'attendait à ce qu'un jour le schéma biblique de la Création devienne la source d'inspiration de tous les modèles et vienne compléter les modèles déjà émis par les scientifiques. Ce schéma, jadis rejeté à la poubelle par la science, vient de corriger certains abus que les modèles classiques ont introduits dans la cosmologie.

De l'avant Big-bang, en passant par le Big-bang, jusqu'à l'après Big-bang, le Modèle Cosmologique Universel vient de démontrer clairement que ces 3 étapes de l'évolution de l'univers sont détaillées dans la Bible, mais avec un langage de 1500 ans avant J.C.

Ainsi, en étudiant de près le schéma biblique de la Création, je suis le premier à le restituer et le premier à découvrir la vraie description de la sphère de l'Avant Big-bang. Espérons que le premier grand Astrophysicien qui découvrira ce paragraphe, parlera de moi dans le monde. C'est par là qu'on commencera à tirer l'attention sur mes publications.

1.4.1. Le commencement de l'univers selon la Bible

Gn 1 :2 « La terre était invisible et vide » (Bible version Septante).

Quelque chose qui est invisible et vide, c'est comme le gaz dans le vide. Cela est confirmé dans le modèle des cordes du physicien italien Gabriele Veneziano qui a dit que l'univers a commencé dans un vide infini, et actuellement en train d'être prouvé par l'astrophysicien Bruno Bento.

Les mots « ciel et terre » dans l'antiquité représentaient la sphère spirituelle invisible (ciel) et la sphère physique visible (terre). Donc, en disant que la terre était invisible ou informe et vide, cela veut dire tout simplement qu'au départ la sphère physique ou l'univers était vide, sans aucuns astres, ni matière visible (d'où le mot invisible). D'où l'utilisation des termes néant, chaos, vague, employés dans plusieurs textes sacrés, ésotérique et ancienne pour décrire comment de l'univers était au commencement.

C'est pour la première fois que l'explication des termes « ciel et terre » contenus dans le verset « au commencement Dieu créa le ciel et la terre » vienne d'être dévoilée et ne se retrouve dans aucune publication. Ainsi, quiconque le relayera doit mentionner que cela fait partie du Modèle Cosmologique Universel.

1.4.2. Le Big-bang est biblique et scientifique

Gn 1 :6-7 « Dieu sépara des eaux d'avec les eaux ».

Pour la majorité des astrophysiciens, l'Univers s'est retrouvé condensé avant le Big-bang. La Bible a qualifié cela d'un bloc d'eau. Empédocle, un philosophe grec du Ve siècle, l'a qualifié de Spherus. Et le Big-bang s'en est ensuivi, qualifié de la « séparation de Sphérus » par Empédocle et de la « séparation des eaux d'avec les eaux » par Moïse dans la Bible. Les termes originaux en hébreu furent « la séparation de l'hydro d'avec l'hydro » ; ce qui cadre effectivement avec la science.

Encore, pour la première fois, cette explication vient de démontrer que ce phénomène est aussi biblique et cela est confirmé par la science en qualifiant l'expression « De la séparation des eaux d'avec les eaux » de Big-bang. Le Big-bang n'est pas le nom de quelque chose. C'est une expression attribuée au phénomène qui s'est déroulé dans l'univers allant de la condensation (bloc d'eau selon la Bible) à une expansion fulgurante (séparation des eaux d'avec les eaux selon la Bible).

Donc, c'est pour la première fois que nous venons de découvrir que le phénomène Big-bang est aussi biblique et que quiconque le relayera doit indiquer que cela fait partie du Modèle Cosmologique universel dont je suis l'inventeur.

1.4.3. L'après Big-bang a suivi le Big-bang selon la Bible et la science

Gn 1 :9-*14 « Avec les eaux du dessous, la terre émergea ; (avec les eaux du dessus), les luminaires furent créés ».*

La Bible n'étant pas un livre de science comme l'a affirmé le Vatican, l'auteur du schéma biblique de la Création ne citait que le début d'un évènement et sa finalité. Ainsi, selon la Bible, avec l'hydro du dessous, la Terre émergea, et avec l'hydro du dessus, les luminaires furent créés.

Les études scientifiques ont démontré que les luminaires (tout ce qui brille dans le ciel) et la Terre, ainsi que toutes les planètes et autres astres, sont faites de la même matière, quoique leurs états soient différents. Et l'atome qui est à l'origine de tout, c'est l'hydrogène. C'est un nom composé hydro-gène qui signifiait ce qui génère de l'eau. C'est le chimiste français Lavoisier qui inventa ce nom au 18e siècle sans savoir qu'il avait confirmé la Bible. Tout ce que je suis en train de dévoiler est inédit pour tout le monde, sauf ceux qui sont en train de me lire.

En restituant le schéma biblique d'une manière scientifique, quoique littérale, nous disions qu'avec le Modèle Cosmologique Universel, on n'est ni dans la religion, ni dans la philosophie, ni dans la métaphysique, mais dans la science (physique).

Section 2
Le Modèle Cosmologique Universel et les autres modèles cosmologiques

2.1. Le Modèle Cosmologique Universel intègre les autres modèles

Un nouveau modèle cosmologique n'a pas pour but de tout remettre à zéro, car plusieurs théories ont été passées à l'expérimentation et ne sont plus discutables. C'est le cas de l'inflation et du fonds diffus cosmologique qui furent des prédictions des physiciens américains Alan Guth pour le premier et de George Gamow pour le second.

La plus célèbre prédiction pour moi fut la nucléosynthèse qui est associée à Fred Hoyle. En effet, c'est à partir de la nucléosynthèse qu'on peut expliquer la Création des éléments qu'on retrouve dans le tableau de Mendeleïev à partir de l'hydro. Ces trois théories sont aujourd'hui associées au modèle standard cosmologique formant le modèle cosmologique le plus appuyé.

À ces jours, plusieurs laboratoires se concentrent à la découverte des preuves de l'existence de la matière noire et de l'énergie noire. Même si elles ne sont pas encore découvertes, on ne peut pas les qualifier de raisonnements philosophiques. Ils sont encore dans le rang des prédictions dont seuls les appareils pouvaient les confirmer un jour.

Ainsi, le Modèle Cosmologique Universel intègre toutes les théories expérimentales des modèles cosmologiques et de la mécanique quantique et offre aussi des prédictions sur des hypothèses non encore découvertes.

La différence entre le Modèle Cosmologique Universel et les autres modèles cosmologiques émis jusque-là vient du fait qu'elle va au-delà des questionnements sur l'existence de l'homme, en intégrant le Principe anthropique et le Principe de la Création du Rév. Dr. Sun Myung Moon. Il intègre aussi l'avant Big-bang dont les analyses non expérimentales sont prédites dans le modèle des cordes du physicien italien GABRIELE VENEZIANO.

Le grand apport du Modèle Cosmologique Universel dans le modèle des cordes du physicien Gabriele Veneziano est l'apparition du rayonnement fossile pendant l'effondrement de la matière dans la période de l'avant Big-bang. Le savant britannique Sir Roger Penrose, Prix Nobel de la Physique en 2020, a aussi prédit cette apparition dans l'avant Big-bang, mais qui est encore discutable jusque-là. (-https://www.revue-acropolis.fr/la-cyclicite-de-lunivers-de-roger-penrose-quand-la-science-et-la-spiritualite-se-rejoignent-).

Dans la Bible, nous avons découvert que cette apparition vient de l'Avant Big-bang à partir du verset : « Dieu dit que la lumière soit et la lumière fut ! ». Dans ce livre, nous allons expliquer les conséquences physiques qui étaient à la base de l'apparition de cette lumière et que, le dicton 'Dieu dit' était pour démontrer que ça faisait partie de son plan ou du plan de l'Univers.

Donc, quand deux physiciens américains **Arno Allan Penzias** et Robert Woodrow Wilson ont été décernés du Prix Nobel pour avoir découvert le rayonnement fossile en 1964, ils ont en principe découvert cette lumière qui selon la Bible a émané du dicton de Dieu. Personne dans le monde, même les concernas eux-mêmes ne savaient pas cela. C'est pour dire nous sommes aussi le premier a découvrir que le rayonnement fossile est biblique, et sommes aussi le premier a dévoilé son origine physique dans ce livre.

2.2. Concordismes ou preuves observationnelles ?

Lorsqu'on tente de démontrer aux scientifiques la validité du schéma biblique de la Création, ils qualifient cela de concordisme, c'est-à-dire qu'on tente de se conformer à la science pour prouver la vérité du schéma biblique de la Création.

Mais comment peut-on prouver la véracité ou le fondement d'un récit à caractère scientifique sans recourir à la science ?

Savez-vous par exemple que, quand l'abbé Georges Lemaître avait émis l'idée de l'atome primitif qui deviendra la théorie du Big-bang, Albert Einstein avait plutôt qualifié cette idée comme étant une tricherie dans la Bible ? En effet, Albert Einstein fut le premier à l'attaquer en disant qu'il s'est inspiré de la Bible. Georges Lemaitre avait nié, mais en principe, c'était vrai.

Ami d'Albert Einstein, l'abbé Lemaître a développé ses travaux à partir des découvertes de la relativité générale. Sa théorie fut cependant violemment attaquée par les astrophysiciens athées de l'époque : ces derniers imaginaient un univers incréé, « sans début ni fin », immuable, ce qui contestait toute intervention divine. Ils rejetèrent les travaux de l'abbé Lemaître, qu'ils jugeaient trop proches de l'acte créateur biblique. Et c'est d'ailleurs au Britannique Fred Hoyle, athée militant, que l'on doit l'expression « Big-bang », imaginée pour se moquer de la théorie du prêtre belge.

Ainsi, c'est cette idée scientifique qui deviendra la théorie du Big-bang qui a été qualifiée de concordisme face à la Bible. À présent que la majorité des scientifiques accepte le Big-bang, si un chercheur prouve que l'abbé Georges Lemaitre a puisé cette idée dans la Bible dans un verset, on l'accuse de pratiquer le concordisme pour justifier le schéma biblique de la création.

Comme je l'ai dit, le Pape Pie XII a même reconnu publiquement que l'idée de l'atome primitif ayant connu une expansion était puisée dans la Bible. En 1951, il apporta un soutien papal officiel au Big-bang à travers les propos suivants : *« Il semble en vérité que la science d'aujourd'hui, remontant d'un trait des millions de siècles, ait réussi à se faire le témoin de ce "Fiat lux" initial, de cet instant où surgit du néant avec la matière un océan de lumière et de radiations, tandis que les particules des éléments chimiques se séparaient et s'assemblaient en millions de galaxies... » (Cfr :* Pierre Jovanovic in https://www.lavie.fr/christianisme/eglise/Big-bang-eacut

evolution-pourquoi-leglise-ne-change-pas, Publié le 30/10/2014).

En 1965, la mise à jour du rayonnement résiduel fossile a fait taire définitivement les critiques du Big-bang et la communauté scientifique s'est ralliée aux thèses de l'abbé Lemaître. Il est donc choquant de dire encore que la théorie du Big-bang contredirait la foi chrétienne, alors qu'elle a été accusée au début d'être une invention cléricale, pour coller à la Bible.

Au commencement de la Création, la Bible parle d'une seule masse appelée hydro en grec que les traducteurs ont traduite par l'eau (*Un vent de Dieu ou un esprit de Dieu se mouvait sur les eaux* » (Gn 1 ; 2). Et, plus tard, on parle de la séparation de cette masse ou Big-bang, dont une partie a servi à la formation de la Terre et l'autre partie à la formation des luminaires. C'est pour cela que la science a découvert que la Terre et les luminaires sont tous composés des mêmes éléments.

Donc, le fondement du schéma biblique de la création ne peut être attesté qu'à partir des observations. Alors, comment saurons-nous qu'il répond aux observations si on le maintien à son langage de 1500 ans avant J.-C., sans pouvoir l'actualiser ?

Par exemple, dans la phrase biblique « *Un vent de Dieu ou un esprit de Dieu se mouvait sur les eaux* » (Gn 1 ; 2), qui ne comprend pas que l'auteur voulait parler d'une « *force énergétique qu'il a attribuée à Dieu sur la matière ?* » Devrons-nous toujours aligner notre compréhension au niveau de 1500 ans av. JC ?

Le langage qui est maintenant utilisé dans la science est constitué de vocabulaires ou des mots qui sont très récents. Pour ne parler que du « Big-bang », ce mot fut créé en 1950. D'où, on ne peut pas retrouver ce mot dans tous les écrits qui datent d'avant 1950. Mais, si le Big-bang fait partie réellement d'un phénomène qui s'est déroulé dans l'histoire de l'univers et qu'on veut le découvrir dans un écrit qui date d'avant 1950, on ne doit pas rechercher le mot « Big-bang » qui n'était pas encore créer, mais plutôt le phénomène qui confirme qu'il y a eu Big-bang ou expansion de l'univers. Dans la Bible, ce fut les termes « la séparation des eaux d'avec les eaux ». Dans le Coran, ce fut « *la terre et le ciel formés une masse compacte et nous les avons séparés* » (Coran 21 :30).

J'ai dit que c'est à travers les observations qu'on pourra comprendre si le schéma biblique de la Création est fondé. Et ces observations sont faites par les scientifiques tout en utilisant un langage nouveau pour décrire les phénomènes. Si à ce jour, on leur apporte un verset biblique pour leur dire : ce que vous avez découvert était déjà décrit dans la Bible, il vous traite de vouloir faire du concordisme, c'est-à-dire de triché pour justifier ce qui n'est pas vrai.

Pour les scientifiques agnostiques, athées ou croyants, le schéma biblique de la Création devrait garder sa place dans la poubelle ou être pris pour un conte. Rien n'est réel à l'intérieur pour eux. Mes recherches me conduisent de nos jours à mettre fin à cette considération du schéma biblique de la Création à travers le Modèle Cosmologique Universel.

Aujourd'hui, je me présente comme un professeur pour éclaircir ce schéma au monde sans faire du concordisme. Ce que je présente dans mes livres sont les résultats de mes recherches objectives. Celui qui fait du concordisme sélectionne les versets. Mais ici, nous sommes en train de démontrer sur la base de ce schéma comment l'univers a commencé de l'origine jusqu'à l'homme en suivant l'ordre graduel de six périodes, qualifié des six jours dans la Bible sans sauté un verset.

Au départ, je ne savais même pas que je serai le premier à restituer le schéma biblique de la création, dont on me fait aujourd'hui les reproches de pratiquer le concordisme. En conclusion, ce que les astronomes et certains théologiens scientifiques qualifient des concordismes dans le schéma biblique de la création sont plutôt des preuves observationnelles qui témoignent qu'il est fondé.

2.3. Les jugements autour du Modèle

Cosmologique Universel

Le péché du Modèle Cosmologique Universel pour les scientifiques et les théologiens est celui d'avoir mentionné un verset biblique ou coranique approprié dans chaque grande prédiction et observation scientifique de l'avant Big-bang jusqu'à l'homme.

Un péché pour la théologie parce que le Modèle Cosmologique Universel est venu confirmer les modèles scientifiques, alors que les théologiens passent leur temps à les critiquer avec beaucoup de publications qui vont devenir obsolètes. Par exemple, la théorie du Big-bang est critiquée à ce jour par tous les théologiens, alors que le Pape François n'a trouvé rien d'inconvénient à cette théorie et l'a même qualifiée comme étant « un acte d'amour de Dieu ». (https://fr.aleteia.org/2016/12/08/quand-la-religion-rencontre-la-science

Un péché pour les scientifiques parce que le Modèle Cosmologique Universel démontre que tous ceux qu'ils ont découverts comme grandes structures dans l'Univers, que ça soit dans l'avant Big-bang à l'après Big-bang étaient déjà prédits dans les livres sacrés et par certains philosophes antiques. C'est par exemple la théorie du Big-bang ; terme inventé en 1950, dont le phénomène se retrouve dans la Torah, la Bible et le Coran sous les termes « de la séparation des eaux d'avec les eaux » et dans les écrits antiques du philosophe Empédocle en parlant de la séparation du « Spherus ». (Cfr :Empédocle – Wikipédia (wikipedia.org).

Le phénomène Big-bang contenu dans les écrits antiques prouve effectivement qu'il n'est pas seulement une théorie, mais un événement qui s'est déroulé effectivement dans l'évolution de l'Univers. Cette affirmation vient de moi.

Chapitre IV
Les causes du fonctionnement de l'Univers

Le fonctionnement de l'Univers relève de sa cause et non des effets que les astrophysiciens découvrent. Ce chapitre peut sembler être religieux dans la mesure où il entre à l'intérieur des effets pour faire découvrir la cause aux savants.

Beaucoup de personnes, y compris les savants, se posent la question sur le but de l'univers. L'Univers est-il tout simplement quelque chose de hasard qui est apparu ou y a-t-il une cause derrière sa création ? C'est à travers l'étude du Principe de la Création, branche du Principe divin du Rév. Sun Myung faisant l'objet de ce chapitre, que nous aurons les réponses. Ainsi, ce point qui apportera une nouvelle connaissance à tous, mérite d'être lu avec beaucoup de méditations. C'est par la maîtrise de ce point que les astrophysiciens aboutiront à la théorie de Tout.

L'univers est une machine complexe. Toute est partie du vide, et le malaxage de ce qui était dans ce vide a abouti au cours de l'évolution, jusqu'à la formation de l'homme que nous sommes. Tenter de raisonner à ces prouesses de l'origine jusqu'à l'homme, en mettant Dieu de côté, relève d'un grand défi ou d'une folie. Voilà à quoi je me suis engagé, sans formation classique dans l'astronomie, et sans avoir aussi le temps nécessaire par manque des soutiens.

Le temps auquel je devrais me consacrer aux recherches, je le passe pour rechercher de quoi manger et faire nourrir ma famille. Malgré cela, je suis quand même parvenu à livrer au monde « Le Modèle Cosmologique Universel » qui est la restitution scientifique du schéma biblique de la création et, qui permet maintenant à tout le monde de comprendre le schéma de l'univers.

L'Univers est dynamique et énergétique. Ce dynamisme crée la matière ; des particules virtuelles jusqu'aux galaxies.

L'Univers semble activé par des forces inconnues. Plusieurs noms ont été attribués à ces forces sans vraiment comprendre comment elles s'exercent. À cela, nous nous posons les questions suivantes :

Dans l'Avant Big-bang, d'où est venue la force qui a poussé les particules à se contracter, créant ainsi la déflation cosmique ? Quelle est cette énergie qui a provoqué le Big-bang ? D'où vient cette énergie qui accélère l'univers dans l'Après Big-bang qu'on appelle énergie noire et comment est-il entretenu ? D'où vient la force gravitationnelle newtonienne ? D'où vient le spin des particules, créant ainsi la valse de tous les éléments dans l'Univers ? D'où vient la force qui se cache derrière chaque principe ? Ce sont autant de questions qui nous poussent à entrer dans la cause pour comprendre le pourquoi.

Beaucoup d'astrophysiciens ont embrassé les cours de philosophie, mais cela ne leur a amené qu'à se poser des questions sans y répondre. Le meilleur enseignement, c'est ce que nous offrons ici, à savoir le Principe de la Création du Rèv. Dr. Sun Myung Moon. Ainsi, nous vous demandons de le lire avec beaucoup d'attention. Il ne répond pas directement aux préoccupations ci-dessus, mais il apporte les connaissances qui tendent à percher les mystères contenus dans ces questions.

Le Rév. Dr. Sun Myung Moon s'est efforcé, sur la base de ses connaissances en physique, d'expliquer comment les attributs de Dieu ont abouti à la Création. Tout ceci est intégré dans le Modèle Cosmologique Universel, dans le chapitre traitant de la physique de la Création. Cette partie, à savoir : *« Au commencement Dieu créa le ciel et la terre »*, pouvait être qualifiée de l'avant de l'Avant Big-bang.

Section 1
La physique de la Création

1.1. Généralité

La physique de la Création, avons-nous dit, est la combinaison entre la mécanique quantique et le Principe de la Création du Rév. Dr. Sun Myung Moon. Les expressions physiques de cette combinaison ont donné lieu à la mathématique céleste. Ce sont les équations mathématiques liées à la Création de l'infiniment petit à l'infiniment grand.

Qu'entend-on par l'infiniment petit ? Le calcul physique de l'Univers ne peut commencer à partir de rien. Scientifiquement, étant donné qu'on ne sait pas ce qu'il y avait à partir de rien, autant mieux commencer par ce qu'on a pu découvrir dans ce rien ou dans le vide.

Que ça soit dans la cosmogonie où on parle du néant, des chaos ou des abîmes, soit dans la cosmologie où on parle du vide, selon le Modèle Cosmologie Universel et le modèle des cordes du physicien italien Gabrielle Veneziano, l'univers nous vient d'un vide infini. La transformation de ce vide infini en matière s'est faite par ce qu'on appelle l'infiniment petit, qui pour nous représente les particules élémentaires et leurs propriétés. Or, un univers qui n'est rempli que des particules élémentaires est un univers vide comme l'a défini la Bible : « Au commencement, la terre était invisible et vide » (Gen 1 :2) ; Bible version Septante.
La physique de la Création nous ramène à ces équations qui ont servi à la Création à partir de l'infiniment petit.

1.2. La mécanique quantique

La mécanique quantique est la théorie mathématique et physique décrivant la structure et l'évolution dans le temps et l'espace des phénomènes physiques à l'échelle de l'atome et en dessous. Par en dessous, il faut entendre les particules. Elle a été découverte lorsque les physiciens ont voulu décrire le comportement des atomes et les échanges d'énergie entre la lumière et la matière à cette échelle et dans tous les détails. (Cfr : https://www.futura-sciences.com/sciences/definitions/physique-mecanique-quantique-844/).

En d'autres mots, la mécanique quantique est la science qui cherche à décrire comment la matière a apparu à partir du vide. Comme je l'ai dit, en physique, on parle du vide quantique ; c'est-à-dire, les astrophysiciens ont constaté que dans la nature, le vide absolu n'existe pas. On découvre la présence des matières sous forme de particules. C'est à partir de ces particules et leurs propriétés que la Bible et la Torah parle « d'un esprit ou d'un vent de Dieu se mouvant sur les eaux ». (Gn 1 :2).

Maintenant, à la question de savoir : comment, dans une terre informe et vide selon la Bible, il eut un esprit de Dieu ou un vent de Dieu qui se mouvait sur les eaux ? Quelle est la signification physique de « l'esprit de Dieu » et d'où viennent ces « eaux » ; car il n'est mentionné nulle part que Dieu a créé les eaux ?

Dans le Modèle Cosmologique Universel, les réponses à ces questions ne peuvent provenir que de la mécanique quantique, branche qui étudie comment la matière est apparue du vide. Ces réponses sont détaillées dans notre livre « Avant Big-bang, à la lumière ». Toutefois, par esprit de Dieu ou vent, il faut entendre l'énergie qui était en action dans l'Avant big-bang et qui faisait mouvoir les particules, représentaient par le terme eaux dans la Bible

Gn 1 :2 *« la terre* (l'univers) *était informe et vide, il y avait un esprit de Dieu ou un vent de Dieu (*une énergie divine) *qui se mouvait sur les eaux* (les particules*)* »

1.3. La mathématique céleste

La mathématique céleste va au-delà de la mathématique physique. Jusqu'à la publication de ce tome, il ne se retrouve que dans le Modèle Cosmologique Universel.

La mathématique céleste ou la physique de la Création comprend les équations qui se déroulent dans un univers vide, selon qu'il est écrit : « *La terre était invisible et vide* ». Or, dans le vide, il y a toujours de l'énergie. Comment ces énergies se sont combinées au tout début de l'univers pour créer physiquement des structures ?

Plusieurs grands astrophysiciens ont soumis des solutions faisant partie à ce jour de la mécanique quantique et de la physique quantique. Ce sont des notions qu'on ne peut développer que dans un livre de mathématique et de physique. Ici nous nous contenterons seulement d'offrir des équations inédites ayant prévalue dans l'avant de l'Avant Big-bang.

1.3.1. Les formules de la Création

– *Gn 2 : 7 L'Éternel Dieu forma l'homme de la poussière de la terre (Pt), il souffla dans ses narines un souffle de vie (Sv) et l'homme devint un être vivant (Ev).*

Notre première découverte dans la mathématique céleste fut la découverte de la formule de la vie qui est notée de la manière suivante :

Pt + Sv = Ev ou **Vi**

- **Pt : poussière de la Terre (univers).**
- **Sv : Souffle de vie**
- **Ev : êtres vivants ou Vie (Vi)**

Ainsi :

Vi = Pt + Sv

Vie (Vi) = Poussière de la terre (Pt) + Souffle de vie (Sv)

Où se retrouve la fameuse formule d'Albert Einstein de $E=mc^2$?

Cette formule ne se retrouve pas dans le **souffle de vie**, mais plutôt dans la formation du **Pt**. En parlant de la **poussière de la terre (Pt)**, on a déjà la masse qui est issue de **E = mc2**

Le Modèle Cosmologique Universel vient d'enrichir cette formule en remplaçant la masse par la poussière de la terre, et nous avons ainsi l'équation suivante :

E=Pt x **c2 ou E=Ptc2**

Énergie = Poussière de la Terre **x** la vitesse de la lumière au carré

Mort (Mo) = Poussière de la terre (Pt) – Souffle de vie

D'où la loi imagée :

Gn 3 : 3.19 « C'est *à la sueur de ton visage que tu mangeras du pain, jusqu'à ce que tu retournes dans la terre, d'où tu as été pris ; car tu es poussière, et tu retourneras dans la poussière* ».

Il appartient aux astrophysiciens de continuer les diverses combinaisons.

1.3.1.1. La Création de la vie

Peut-on créer la vie à partir de toutes ces formules ? La poussière de la terre contient les éléments ou les briques qui composent notre organisme, qu'on appelle aussi les molécules de vie. La vie repose sur certaines molécules que l'Homme n'est pas encore parvenu à synthétiser.

En plus, comprendre l'agencement d'un ensemble apparemment désordonné comme celui qui est constitué par les gaz et les poussières de nuages dans l'univers à des systèmes moléculaires aussi bien agencés que ceux des macromolécules qui sont les moteurs des mécanismes de la vie est un problème ardu, faisant appel à un grand nombre de disciplines scientifiques.

Alors que le deuxième principe de la thermodynamique stipule que les systèmes tendent vers le désordre, ce qui est illustré par le fait que deux gaz maintenus isolés initialement se mélangent l'un à l'autre jusqu'à ce que l'on ne puisse plus en distinguer les composantes, la suite des processus ayant conduit à l'apparition de la vie semble avoir produit l'effet exactement inverse. (Cfr : http://clea-astro.eu/lunap/Vie)

En effet, malgré de nombreux progrès en chimie prébiotique et en biochimie, aucun mécanisme universel de passage de l'inanimé au vivant n'a pu encore être proposé. Et aucune trace de vie n'a été détectée qui soit exogène à la Terre, malgré que les ingrédients chimiques prébiotique de la vie aient été largement identifiés presque partout dans l'Univers. Cela réconforte pour l'instant notre formule issue de la Bible, à savoir :

Vi ou Ev = Pt + Sv

Vie (Vi) ou Etres vivants (Ev) = poussière de la terre (Pt) + Souffle de vie (Sv) (Gn 2 :7)

Comme je l'ai dit, les briques de la poussière de la terre ont été déjà détectées par les scientifiques ; il s'agit des molécules de vie. Mais l'inconnu, c'est plutôt « le souffle de vie » qui a fait que la poussière de la terre devienne l'être vivant quelle que soit les règnes végétaux, que les règnes animales.

Par-là, l'assertion des scientifiques selon laquelle la vie est gouvernée par des processus biochimiques très spécifiques inventés par la nature est fausse.

1.3.1.2. La Poussière de la Terre (Pt)

Par manque de termes scientifiques à l'époque où le schéma biblique de la Création a été écrit (1500 av. JC), l'auteur a qualifié l'univers « d'une terre informe et vide » (Gn 1 :2). Donc, en disant que l'homme est la poussière de la terre, cela voulait tout simplement dire que « l'homme est aussi la poussière de l'univers » ; c'est-à-dire les minéraux qui le composent.

La science a déjà découvert les minéraux constitutifs de la vie que la Bible qualifie de la poussière de la Terre en aval, et les astrophysiciens les qualifient de la poussière des étoiles en amont dont le carbone occupe une part importante. En d'autres mots, X étant visible ou la masse (poussière de la Terre), il fait partie des valeurs connues.

Le problème des origines de la vie est, sous bien des aspects, comparable à celui de la Maison. D'un côté, nous savons que l'Univers contient tous les éléments appelés bibliquement « Poussière de la terre » dont sont constitués les êtres vivants. Parmi ces éléments, nous avons l'hydrogène et l'oxygène puis le carbone que l'on trouve dans toutes les molécules organiques et l'azote que l'on trouve dans les protéines et enfin le soufre, le phosphore et les éléments minéraux comme le calcium, le sodium et le potassium.

D'un autre côté, les mêmes éléments se trouvent assemblés dans des molécules géantes et extrêmement complexes, mais dont l'agencement est ordonné de manière aussi simple et logique que possible en vue d'accomplir toutes les fonctions dévolues à la vie. (cfr : http://clea-astro.eu/lunap/Vie). Y a-t-il un architecte derrière ça ? A chacun d'y raisonner et de répondre.

1.3.1.3. Le souffle de vie (Sv)

Tout le monde, avant l'invention du Modèle Cosmologique Universel, interprétait le souffle de vie comme l'air que nous respirons parce qu'il est écrit : « Dieu souffla dans ses narines ». Or, l'air que nous respirons est physique et est composé d'éléments physiques. Dieu, étant invisible et spirituel, il ne peut souffler dans les narines de l'homme quelque chose de physique pour qu'il prenne vie.

Dieu et les esprits transcendent les objets physiques comme les neutrinos. Quand Jésus ressuscitait les morts, il n'avait pas besoin de souffler dans leurs narines pour qu'ils reviennent à la vie (Jn 11 :43).

Le souffle de vie ici représente tout ce qui est invisible dans l'homme et qui échappe au contrôle médical, à commencer par l'esprit, l'âme et la conscience.

Jb 32 : **8** *Mais en réalité, dans l'homme, c'est l'esprit, Le souffle du Tout-Puissant, qui donne l'intelligence ;*

Dans la conscience, nous retrouvons tous les attributs invisibles, dont l'amour, la colère, la haine, l'intelligence, les émotions, etc... Qui n'ont aucune masse et qui sont immatériels. Ceci dit, **Sv** fait partie de l'inconnu de notre équation pour que la vie se crée. C'est ainsi qu'on peut découvrir les molécules de vie dans d'autres astres sans pourtant qu'ils aient la vie.

1.3.1.4. La vie (EV : être vivant)

Donc, si **Pt** ou la **poussière de la Terre** est connue et continue d'être analysée, nous ne pouvons pas créer ou retrouver dans la nature **Sv** ou le **souffle de vie**, qui reste l'inconnu de notre équation. **Sv** fait partie des attributs qui sont dotés à la Création, comme nous pouvons le lire dans cette citation du Rév. Dr. Sun Myung Moon :

« *Malgré notre compréhension limitée, nous ne pouvons nier qu'un réseau complexe de force est à l'origine de toute existence. Les molécules contiennent des atomes et les atomes des particules élémentaires. Pourtant, même ces entités ne sont pas dépourvues de conscience. Chacune est dotée d'une conscience et d'un but spécifique* ». (Cfr : Cheon Seong Gyeong, FFPMU, p.85)

À travers ceci, nous disons que ce ne sont pas les conditions réunies dans une exoplanète qui feront que par le hasard, les molécules soient combinées, se transforment en matière organique et créent une vie intelligente, avec dans son intérieur des appareils très complexes tels que l'appareil digestif, l'appareil respiratoire, l'appareil urinaire et d'autres avec des fonctions spécifiques et unies entre eux, maintenues dans un tissu avec des veines et des artères pour la circulation du sang et de l'eau pour le maintien de cette vie. Et, ce même hasard dans une exoplanète a créé pour eux le sexe opposé avec certains organes différents de mâle et de la femelle pour la perpétuation de cette vie.

Ceci fait partie de mes arguments pour affirmer que les extraterrestres n'existent pas. Mais il reste encore des démonstrations scientifiques à faire plutôt que de nous baser sur des exemples dont les scientifiques n'aiment pas qu'on les exhibe.

Section 2
Le Principe de la Création

2.1. Branche doctrinale ou scientifique ?

Le principe de la Création fait partie de la branche du Principe divin du Rév. S Dr. Sun MYUNG Moon. C'est un enseignement fondamental qui décrit les causes qui sont à la base du fonctionnement de l'Univers. Il constitue un enseignement de base dans son Église. Le principe de la Création explique comment la cause s'étend aux effets. C'est un enseignement que nous recommandons aux astrophysiciens et aux théologiens.

Le révérend Moon a dû concevoir ce principe suite à ses qualités d'ingénieur électronique et à sa parfaite connaissance de Dieu et de la sphère spirituelle. Étant donné le Principe de la création fait partie de l'un des enseignements de la doctrine de son église, tout comme Moïse dans le schéma biblique de la Création, il ne put utiliser que des noms faisant partie du macrocosme et tire les exemples sur des faits courants. Ainsi, pour les chercheurs de la physique nucléaire, il suffit de prendre ces notions et de les ramener à un niveau microscopique, et cela ouvrira la porte pour résoudre les mystères et les énigmes qui sont contenus dans la mécanique quantique.

Par exemple, le Principe de la Création parle souvent de l'énergie (force) première universelle, du caractère intérieur et de la forme extérieure. Dans le domaine microscopique, nous entendons par là énergie, particules, masse. À partir du principe de la Création, on comprendra que tout est intrinsèquement lié, car ayant leur source à l'origine.

Donc, étant donné qu'on ne peut pas recréer l'origine, ce sont les études faites en aval qui peuvent nous révéler ce qui était en amont. Et le Principe de la Création du Rév. Dr. Sun Myung Moon est le premier à décrire la relation qui se déroule dans la cause qu'on appelle Dieu et comment cela est projeté au niveau des effets, caractérisant le fonctionnement de l'Univers.

Pour le Principe de la Création, l'univers fonctionne selon les attributs de la cause. Cela ne se limite pas à une simple déclaration, mais démontrée à travers plusieurs preuves observationnelles.

Selon Le Principe de la Création, toute part de l'effet qui est visible, pour expliquer la cause qui est invisible. C'est la même démarche qu'avait entreprise l'abbé Georges Lemaître quand il avait émis l'idée de l'atome primitif qui deviendra la théorie du Big-bang. Pour Georges Lemaitre, comme l'univers était en expansion, c'est qu'au départ tout était uni. Il est parti de l'effet pour décrire l'origine. Il en est de même du rayonnement fossile qui est venu confirmer l'âge de l'univers et la température de l'univers condensé.

En plus, pour le Principe de la Création, l'Univers est une projection divine. Pour mieux comprendre son fonctionnement, on doit se référer aux caractères de Dieu. Or, Dieu étant invisible, comment pouvons-nous découvrir et analyser ces caractères ? La réponse nous est donnée dans la Bible à travers ce verset :

Rm 1 :*20 « En effet, les perfections invisibles de Dieu, sa puissance éternelle et sa divinité, se voient comme à l'œil, depuis la Création du monde, quand on les considère dans ses ouvrages. Ils sont donc inexcusables »*.

Les ouvrages de Dieu, c'est effectivement tout ce qui est contenu dans l'univers, à partir de l'énergie invisible, en passant par des particules virtuelles, jusqu'à la matière ; les êtres vivants faisant partie de cette dernière.

Vu que Le Principe de la Création explique plusieurs points dont certains sont seulement théologiques, nous avons sélectionné quatre pour l'intégrer dans la physique de la Création. Il s'agit des points suivants :

– Les caractéristiques duelles de Dieu ;

(Quelles sont les caractéristiques de Dieu qui sont communes à toute la Création et qui nous renseignent sur le fonctionnement de l'univers ?)

– L'Énergie Première Universelle ;

(D'où vient l'énergie et comment cela se retrouve-t-il projeté dans les êtres) ?

– La période de croissance pour les êtres créés.

(Que signifient les 6 jours bibliques ? Est-ce l'évolution, est-elle biblique ?)

– Le monde substantiel invisible et le monde substantiel visible ;

(Est-ce la vision du mot cosmos pour les théologiens et les scientifiques, est-elle la même) ?

À présent, voyons ce qu'a écrit le Rév. Dr. Sun Myung Moon, qui est le premier savant à avoir fait des recherches sur l'origine de l'énergie dans le Principe de la Création et suivons ses déductions.

Pour ne pas répéter tout le temps la source, nous allons nous inspirer du livre « Présentation du Principe divin ; éd. Culture et paix, Paris 2013 ; Pp 21-40).

2.2. Les caractéristiques duales de dieu et la Création

2.2.1. Les Caractéristiques Duales de Dieu

Dual signifie « ce qui comporte deux éléments distincts ayant des rapports de réciprocité » (dicos encarta). Pour mieux comprendre le fonctionnement de l'Univers, avons-nous dit, nous devons d'abord étudier la question de l'Etre Originel (Dieu) parce que tous les êtres existants sont son modèle.

Relisons ce verset :

Rm 1 :*20 « En effet, les perfections invisibles de Dieu, sa puissance éternelle et sa divinité, se voient comme à l'œil, depuis la Création du monde, quand on les considère dans ses ouvrages. Ils sont donc inexcusables »*

Comment pouvons-nous connaître la nature de Dieu qui est invisible ? C'est en observant la Création. En effet, chaque être dans la Création est une manifestation sensible de la nature de Dieu, son Créateur. Et, l'ensemble de ces êtres et structures forment l'Univers. Donc, nous pouvons déterminer la nature de Dieu en découvrant les caractéristiques qui sont communes à toute entité de Sa création.

Revenons à notre équation céleste :

Vi ou Et = Pt + Sv

Vie (Vi) ou Etres vivants = Poussière de la terre (Pt) + Souffle de vie (Sv)

De cette équation, il en découle, selon le Principe de la Création, que les choses de la Création possèdent deux caractéristiques duales, comme nous pouvons le lire :

« De la même façon, toutes les choses de la Création, bien que de dimension variable, ont un caractère intérieur invisible qui correspond à l'esprit ***(Souffle de vie)*** *; puisque ce dernier est cause et sujet, il dirige la forme extérieure* ***(poussière de la terre ou des étoiles)*** *qui correspond au corps humain. Cette relation entre l'esprit et le corps permet à tout élément individuel de la Création de maintenir son existence comme « être » doté d'un certain but.*

• *Les animaux ont un aspect qui correspond à l'esprit de l'homme* ***(Sv)*** *; puisque cet aspect est le sujet ou la cause qui oriente vers un certain but, le corps de l'animal* ***(Pt)*** *peut donc vivre selon le but de l'être individuel.*

• *Une plante aussi a un caractère intérieur* ***(Sv)*** *qui lui permet de maintenir sa fonction organique* ***(Pt).***

• *Les hommes peuvent s'unir parce que l'esprit* ***(Sv)*** *est un facteur commun à tous.*

• *Pareillement, les ions positifs et les ions négatifs s'unissent pour former un certain corps, parce qu'au sein de chaque ion se trouvent les aspects de caractère intérieur* ***(Sv)*** *et de forme extérieure* ***(Pt)*** *qui tendent à s'unir pour former une molécule.*

• *De même, lorsqu'un électron tourne autour d'un proton pour former un atome, il en est ainsi parce que chacun d'eux recèle un aspect du caractère intérieur qui les conduit à construire un atome.*

(Cfr : Présentation du Principe divin, FFPMU, édition Culture et paix, Paris 2013, p. 31).

Tous les êtres créés, la Création en sa totalité et le Créateur présentent les caractéristiques duales de nature intérieure et de forme extérieure. La forme extérieure visible ressemble à la nature intérieure invisible. La nature intérieure, bien qu'invisible, possède une certaine structure qui se manifeste de façon visible dans la forme extérieure. Les caractéristiques duales s'expriment aussi dans une autre polarité, celle de Yang (masculinité) et de Yin (féminité). L'adjectif dual, qui met mieux en valeur la notion de réciprocité, a été préféré à duel.

Voyons comment cela se passe au niveau de chaque être à travers les points suivants.

2.2.1.1. Les Caractéristiques Duales : (caractère intérieur) et (forme extérieure)

En analysant la Création, nous nous apercevons que tous les êtres vivants ont à la fois un caractère intérieur qui correspond à l'esprit et est invisible. C'est le caractère de tout être. La forme extérieure, par contre, est visible. C'est l'aspect de la matière, la structure et la forme de chaque être. Nous pouvons en faire la classification dans le tableau suivant :

item	créature	Aspect intérieur venant de Souffle de vie	Forme exterieure (Pt)
01	Homme	Esprit, âme	Corps
02	animaux	l'âme instinctive	Corps
03	Plantes	diverses caractéristiques invisibles ou âmes végétales	cellules
04	- molécules, - atomes - particules	caractères physico-chimiques	Partie visible et leurs structures

Chez l'homme, l'esprit est le sujet et dirige le corps ; ainsi, le corps se déplace selon la direction de l'esprit. De la même manière, le caractère intérieur des animaux, des plantes, des molécules, des atomes et des particules dirige et contrôle leur forme extérieure.

À partir de cela, nous pouvons déduire que le caractère intérieur et la forme extérieure sont simplement les aspects intérieurs et extérieurs de chaque être. La forme extérieure est l'aspect né de l'effet et se situe dans la position objet par rapport au caractère intérieur qui est sujet. Ensemble, nous les appelons les caractéristiques duales.

Étant donné que Dieu est la cause première de tous les êtres et que chaque être créé a des caractéristiques duales de caractère intérieur et de forme extérieure, Dieu doit avoir en Lui le caractère intérieur et la forme extérieure (Rm 1 :20).

Il faut préciser que le caractère intérieur et la forme extérieure originels de Dieu n'existent pas comme des entités indépendantes, mais en relation réciproque harmonieuse. Dieu est l'Être sujet du caractère intérieur et de la forme extérieure originels harmonisés et, Il est la cause première du monde de l'effet, c'est-à-dire de l'Univers.

Ce sont ces caractères duals intérieurs et extérieurs de Dieu qui sont projetés dans toutes les créatures.

2.2.1.2. Les Caractéristiques Duales : Positivité et Négativité

Nous découvrons aussi que dans toute la Création, les éléments sont attirés en fonction de leurs relations réciproques entre la positivité et la négativité. Par exemple, les atomes sont formés à partir de la relation réciproque entre des éléments positifs et négatifs qui sont les protons et l'électron. Les atomes eux-mêmes ont des caractéristiques positives et négatives. Sur la base de telles caractéristiques, deux ou plusieurs atomes entretiennent une relation réciproque, formant des molécules.

Les plantes contiennent des éléments mâles et femelles. De même, la plupart des animaux se reproduisent par relation entre mâles et femelles. Toutes les plantes et tous les animaux existent et se renouvellent en vertu de myriades de relations intérieures et extérieures interdépendantes d'éléments positifs et négatifs.

La Bible dit que Dieu n'était pas satisfait que l'homme (positif) soit seul (Gn 2 :18). Aussi, il créa la femme (négative), Ève, comme l'objet d'Adam. Objet ne doit pas être compris comme une position secondaire, mais complémentaire. L'humanité est composée d'hommes et de femmes et la société humaine existe et se développe par relation réciproque entre hommes et femmes.

La positivité et la négativité sont donc appelées ensemble *caractéristiques duales. La Création* est faite de telle manière que tout existe par relation réciproque de positivité et de négativité.

Ces mises au point, dites de manière simple pour la compréhension de tous, doivent interpeller les astrophysiciens sur tous les comportements de la matière, à partir des particules subatomiques et quantiques.

Quel est donc la source de ces caractéristiques de positivité et de négativité que l'on trouve dans toute la Création ? Étant donné que tous les êtres sont des effets, les éléments qu'ils ont en commun doivent avoir leur origine dans leur source ultime, Dieu, le Créateur. Le fait que la Création est composée de caractéristiques duales de positivité et de négativité signifie que Dieu lui-même, qui est la cause première de toute chose, est l'origine des caractéristiques duales de positivité et de négativité, ce qui est exprimé dans un langage imagé dans Gn 1 :27. « ***Dieu***

créa l'homme à son image, il le créa à l'image de Dieu, il créa l'homme et la femme. »

Ainsi, l'image de Dieu, c'est l'homme et la femme, la positivité et la négativité, les caractères intérieurs, combinés avec la forme extérieure.

Dieu est l'Être dont les attributs positifs et négatifs se situent dans la position sujette par rapport à tous les aspects positifs et négatifs des êtres créés. Nous appelons les aspects positifs et négatifs sujets de Dieu : positivité originelle et négativité originelle. La positivité originelle et la négativité originelle de Dieu sont en harmonie en Lui. Dieu est donc la cause première du monde des effets et existe comme l'Être des aspects positifs et négatifs en harmonie.

Nous pouvons schématiser cela dans le tableau ci-dessous :

CREATION	Entité positive	Entité négative
Homme	homme	femme
Animaux	mâle	femelle
Plantes	étamine	pistil
Molécules	cation	anion
Atomes	positif	négatif
Particules	positif	négatif

C'est de toutes ces caractéristiques duelles de Dieu que découlent toutes les lois de la physique.

2.3. Les lois physiques issues des caractéristiques duales de Dieu.

L'énumération n'est pas exhaustive, mais, c'est ce que nous avons découvert jusque-là dans nos recherches.

2.3.1. La loi de Coulomb

Toutes les lois naturelles émanent des caractéristiques duales de Dieu. Elles ne sont que des effets. Il en est de même de la loi de Coulomb qui se manifeste dans un champ électrique.

Il existe deux types de charges électriques, que l'on distingue par leurs signes, positifs ou négatifs. Des charges de même signe se repoussent, tandis que celles de signes opposés s'attirent. Dans la matière ordinaire, il y a équilibre entre les charges positives et négatives, on parle de neutralité électrique. L'unité usuelle de mesure de la charge est le coulomb (C).

Moïse se servait de l'homme en tant que cas de figure pour annoncer certaines lois d'une manière imagée.

En effet, l'homme étant la dernière créature, il est lui-même la sommation de toutes les lois qui se manifestent entre les mâles et les femelles, la positivité et la négativité. D'où la loi universelle dite d'une manière imagée : *« C'est ainsi que l'homme quittera son père et sa mère et s'attachera à sa femme, et ils deviendront une seule chair* » (Gn 2 :24). Une seule chair veut dire l'image originale invisible qui est Dieu.

Si ce verset était une simple recommandation sans qu'ils puissent avoir des éléments qui s'équilibrent entre les êtres, l'indifférence régnerait entre les hommes et les femmes à partir du couple. Mais des éléments contenus dans l'homme s'équilibrent avec ceux contenus dans la femme et créent une unité conduisant à l'amour.

2.3.1.2. La notion du champ électrique

Le champ électrique est la région de l'espace dans laquelle la force électrique d'un corps chargé agit sur d'autres corps chargés environnants.

Image de champ électrique – Recherche Images (bing.com)

Un corps (particule ou objet) chargé électriquement peut exercer à distance une force (d'attraction ou de répulsion) sur un autre corps chargé. L'espace dans lequel la force s'exerce se nomme le champ électrique. Pour représenter schématiquement le champ électrique, on trace des lignes de champ autour du corps chargé.

Par convention, le champ électrique s'éloigne de la charge positive alors qu'il se dirige en direction de la charge négative. Ainsi, le champ électrique se déplace toujours de la charge positive vers la charge négative. Le champ électrique de deux charges de même signe s'oppose, c'est-à-dire qu'il s'oriente dans des directions opposées, alors que celui de deux charges opposées s'attire. (https://www.alloprof.qc.ca/fr/eleves/bv/sciences/le-champ-electrique-et-la-loi-de-coulomb-s1156)

Les êtres vivants dont la composition remonte à partir des particules subatomiques sont la sommation de toutes les lois individuellement, ce qui leur permet de vivre en groupe, ressemblant ainsi à un champ électrique. Tout comme l'ampoule s'allume par la mise en commun de la charge positive et négative, tout comme, c'est à partir du groupe orienté vers un but que la société se développe et se multiplie.

2.3.2. La conservation de la masse (ou loi de Lavoisier)

La conservation de la masse (ou loi de Lavoisier) est une loi fondamentale de la chimie et de la physique. Elle indique non seulement qu'au cours de toute expérience, y compris si elle implique une transformation chimique, non seulement la masse se conserve, mais ainsi que le nombre d'éléments de chaque espèce chimique se conserve aussi.

En 1777, Antoine Lavoisier avait énoncé devant l'Académie des sciences la loi qui porte aujourd'hui son nom, selon laquelle « rien ne se perd, rien ne se crée, tout se transforme » comme on peut le lire :

« ... car rien ne se crée, ni dans les opérations de l'art, ni dans celles de la nature, et l'on peut poser en principe que, dans toute opération, il y a une égale quantité de matière avant et après l'opération ; que la qualité et la quantité des principes est la même, et qu'il n'y a que des changements, des modifications. » (Cfr : Lavoisier, Traité élémentaire de chimie (1789), p. 140/141)

La charge électrique se conserve toujours et constitue une propriété essentielle des particules élémentaires soumises à l'interaction électromagnétique. La matière électriquement chargée est influencée par et produit les champs électromagnétiques.

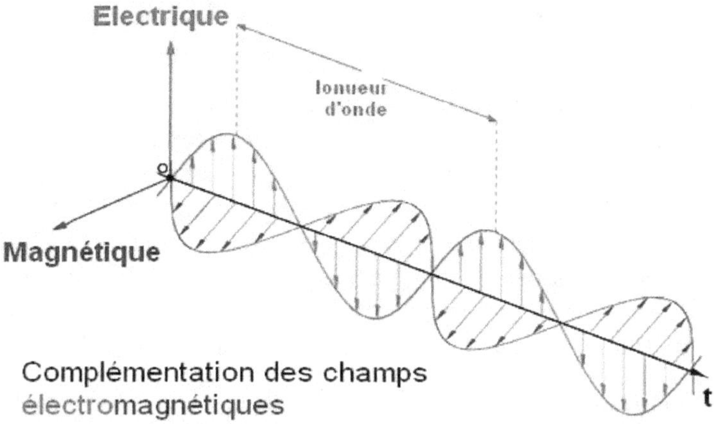

champ electrique et magnetique – Recherche Images (bing.com)

Tout ce qui vient d'être dit ici permettra la résolution de beaucoup d'énigmes.

2.3.3. Relations entre les caractéristiques duales de caractère intérieur et de La forme extérieure et les caractéristiques duales de positivité et de négativité

Selon le Principe de la Création, chez tous les êtres, les caractéristiques duales positives ou négatives ou masculines et féminines sont des attributs du caractère intérieur et de la forme extérieure. Ce qui signifie que dans l'homme, l'esprit et le corps sont des aspects les plus fondamentaux de l'être humain et que la masculinité et la féminité sont des aspects secondaires.

En d'autres termes, le caractère intérieur contient des attributs positifs et négatifs et la forme extérieure contient également des attributs positifs et négatifs.

De la même manière, la positivité originelle et la négativité originelle sont des attributs du caractère intérieur et de la forme extérieure originelle de Dieu.

En résumé, Dieu est la cause première et le sujet, dont les caractéristiques duales du caractère intérieur et de la forme extérieure originelle sont en harmonie avec les caractéristiques duales de positivité originelle et de négativité originelle.

Quel est donc la nature essentielle du caractère intérieur et de la forme extérieure originelle de Dieu ? Le caractère intérieur originel de Dieu est la nature intérieure de Dieu et est l'origine des aspects intérieurs invisibles de tous les êtres créés : l'âme humaine, l'instinct des animaux, la vie des plantes et le caractère physico-chimique des minéraux et des éléments. Le caractère intérieur originel est l'esprit de Dieu, qui inclut la sensibilité, l'intellect et la volonté aussi bien que les concepts et la loi.

La forme extérieure originelle représente les attributs extérieurs de Dieu et est l'origine de la substance et de la forme de tous les êtres créés : le corps de l'homme, le corps des animaux et des plantes et la substance et la forme de la matière inorganique.

L'énergie première universelle (voir dans la section suivante) et la matière sont des attributs principaux de la forme extérieure originelle. D'où la formule E = mc2 ; où la masse véhicule ou contient **l'énergie**.

2.3.4. La relation Entre Dieu et l'Univers

Selon le Principe de la Création, l'univers est l'objet substantiel de Dieu, où chaque être est l'expression et la forme visibles et substantielles de ses caractéristiques duales, qui existe comme le sujet invisible. En d'autres termes, le monde accompli est comme un corps organique parfait qui ne se déplace ou demeure immobile qu'en fonction du but de Dieu pour la Création.

2.3.4.1 La relation entre Dieu et la Création du point de vue des caractéristiques duales.

Selon le Principe de la Création, la Création est l'objet substantiel de Dieu constitué de corps individuels de vérité qui sont les manifestations des caractéristiques duales de Dieu en forme imagée (l'homme) et en forme symbolique (toutes les autres choses de l'univers, y compris ses structures).

Lorsque nous considérons Dieu et la Création comme un tout, la relation entre Dieu et la Création correspond à celle existante entre le caractère intérieur et la forme extérieure. Dieu est la cause invisible intérieure et le caractère intérieur, sujet masculin de la Création ; la Création est l'effet visible extérieur et l'objet féminin de Dieu.

2.4. L'Énergie Première Universel et La Force Première Universelle

2.4.1. L'énergie première universelle

Ex 3 :*14* *Dieu dit à Moïse : Je suis celui qui suis. Et il ajouta : C'est ainsi que tu répondras aux enfants d'Israël : Celui qui s'appelle "je suis" m'a envoyé vers vous.*

Parmi toutes les découvertes de l'homme dans la physique, la plus mystérieuse est qu'on ne saura jamais aller jusqu'à l'origine, à cause de l'énergie.

En effet, toutes les manifestations physiques ou spirituelles demandent de l'énergie. Et, s'il y a une énergie qui a généré d'autres énergies, alors qu'elle est l'origine de la première, car cette première aussi avait besoin de l'énergie pour se régénérer. C'est une question qui reste éternellement sans réponse. Mais, du moins, notre contribution dans l'astrothéologie est que l'énergie physique n'est qu'une densification de l'énergie spirituelle.

Quand énergie spirituelle a commencé à se densifier, c'est à ce moment que l'univers a commencé à se former, selon qu'il est écrit : « *Au commencement, Dieu créa les cieux et la terre (univers)* » (Gn 1 :1). Quand il n'y avait que la sphère spirituelle, on ne parlait que des cieux ou du ciel. Puis une partie de l'énergie des cieux, selon la puissance divine pour les croyants, s'est densifiée, devenant physique et forma l'univers qualifié au départ de « *terre invisible et vide* » par Moïse. D'où le verset : « *La terre (univers) fut invisible et vide* » (Gn 1 :2) (Bible version Septante).

Dans cette sphère invisible et vide, et suite à la fluctuation du vide, selon la science, la matière a commencé par se créer et se manifester comme des particules virtuelles.

Même dans la Bible qui contient le premier schéma cosmologique par excellence, on ne nous dit pas qu'au départ Dieu créa les premières particules qui étaient représentées par les eaux, mais on nous dit directement : « Il *y avait un esprit de Dieu qui se mouvait sur les eaux » (Gn 1 :2).* Au départ, ces eaux qui représentaient la matière d'origine se manifestaient par des particules virtuelles. Le mot « eaux » fut utilisé seulement par manque de vocabulaire approprié dans l'antiquité, mais c'étaient des particules invisibles à l'œil nu. D'où cette déduction de Gabrielle Veneziano dans le modèle des cordes : *« L'univers provient d'un vide infini »*, et dans le vide infini, il n'y avait que l'énergie comme aspect intérieur et les particules comme aspect extérieur.

Dans l'Astrothéologie, l'infini représente effectivement la sphère spirituelle d'où provient l'univers qui a un commencement. Sans cette connaissance, fruit de notre exposé, aucun savant ne pourra positionner les origines de l'Univers. C'est ainsi que la majorité parle des univers successifs dans les passés parce qu'ils n'ont pas connaissance de ce qui pourrait être l'origine du premier univers.

2.4.2. La Force Première Universel

Puisque le Modèle Cosmologique Universel est aussi la restitution scientifique du schéma biblique de la Création, dans la Bible, Dieu s'est présenté à Moïse comme « *JE SUIS CELUI QUI SUIS* » (Ex 3 :14).

Dieu existait avant le temps et l'espace et il existe dans le présent. Il transcende le temps et l'espace. Dieu est un être éternel, auto-existant et absolu. La force fondamentale de son être devrait donc être aussi éternelle, auto-existante et absolue. *Cette force originelle*, selon le Rév. Dr. Sun Myung Moon dans le Principe de la Création, *ne fut pas créée, mais a simplement existé en Dieu depuis le commencement, transcendant le temps et l'espace.* Voilà ce qui clos la réponse à la question sur l'origine de l'origine. Cette force selon le Principe de la création se nomme la Force Première Universelle ; c'est la force fondamentale de Dieu, le Créateur. C'est aussi la force fondamentale de l'Univers, la force dont Dieu dote chaque être ou corps organique lorsqu'il est créé comme objet substantiel de Dieu.

En Dieu, cette force est créée par la relation harmonieuse entre son caractère intérieur originel et sa forme extérieure originelle à travers leur énergie première originelle.

2.5. L'action de donner et recevoir

2.5.1. La signification de l'action de donner et recevoir

L'action de donner et recevoir est une action qui existe d'abord au sein de l'individu lui-même ; entre les organes et entre le corps et l'esprit ou l'âme.

En fait, chaque être qui est créé par Dieu possède, selon le Principe de la Création du Rév. Dr. Sun Myung Moon, des caractéristiques essentielles de caractère et de forme extérieure, de positivité et de négativité.

Ainsi, bien que chaque individu semble exister indépendamment des autres, toute la Création tire son origine de l'idéal de Dieu qui est l'Être aux caractéristiques duales en harmonie. Chaque être créé n'existe donc pas indépendamment, mais est créé pour exister grâce à des relations réciproques.

Cette relation est amorcée par la Force Première Universelle et est appelée l'action de donner et recevoir. Lorsque les aspects sujets et objets chez un être et entre des êtres sont engagés dans une action de donner et recevoir, toutes les forces nécessaires à son existence, à sa production et à son activité sont engendrées.

Examinons quelques exemples toujours selon le Principe de la Création du Rév. Dr. Sun Myung Moon. Le corps maintient sa vie grâce à l'action de donner et recevoir des artères et des veines, de l'inspiration et de l'expiration. Un individu est capable d'accomplir le but de son existence par l'action de donner et recevoir entre l'esprit et le corps. Une famille ou une société existe par l'action de données et recevoir entre individus et groupes. Les choses matérielles naissent et maintiennent leur existence lorsque les éléments, sujets et objets qu'elles contiennent engendrent un mouvement harmonieux et une réaction physico-chimique par l'action de donner et recevoir. Les plantes et les animaux maintiennent leurs fonctions par l'action de donner et recevoir entre leurs différents organes et systèmes. Et nous découvrons que le système solaire existe par l'action de donner et recevoir entre le Soleil et les planètes dans leur mouvement orbital.

Donc, dans l'univers, tout est créé pour exister dans « l'action de donner et recevoir » d'une manière harmonieuse. Même les particules subatomiques sont dotées de but dans leurs propriétés. C'est ce qui leur permet d'aboutir jusqu'à la formation de la matière. Actuellement, la force qui a conduit aux particules à l'emporter sur les antiparticules échappe encore aux scientifiques, car comme on vient de le constater, la mécanique quantique est plus profonde qu'on ne le croyait.

2.5.2. La relation entre la Force Première Universelle et les forces de l'action de donner et recevoir

Selon le Principe de la Création, les forces de l'action de donner et recevoir sont les forces engendrées lorsque deux êtres ont une bonne relation réciproque de donner et recevoir. La Force Première Universelle a son origine en Dieu et constitue la force que Dieu projette en chaque être au moment de sa création. Lorsqu'il y a l'action de données et recevoir entre les êtres, leurs Forces Premières Universelles forment les forces de l'action de données et recevoir qui se manifestent dans les relations entre et à l'intérieur de leurs êtres et sont les forces par lesquelles tous les êtres créés existent, se reproduisent et agissent.

En d'autres termes, grâce à la Force Première Universelle, l'action de donner et recevoir est dirigée par un but d'unification et, grâce à ses relations organiques réciproques, engendre les forces nécessaires à l'existence, à la reproduction et à l'action de toute chose, de la plus petite à la plus grande.

Donc, le but de l'action de donner et recevoir selon le Principe de la Création du Rév. Dr. Sun Myung Moon est d'avoir deux êtres ou des êtres qui s'unissent et se développent en une dimension supérieure plus vaste. L'être individuel qui provient de l'unité de ces deux êtres ou entre les êtres s'engage ensuite dans une action de donner et recevoir avec une partie complémentaire, correspondant à cette dimension supérieure et en s'unissant, ils se développent en un être supérieur. Ainsi, toutes les choses ont à la fois pour but de survivre et de faire survivre l'ensemble. On peut donc dire que l'univers est un vaste corps organique aux buts duals qui s'imprègnent et s'harmonisent.

C'est cette loi qui est aussi à la base de la nucléosynthèse sur la façon dont les éléments se sont évolués dans l'univers tel que classé dans le tableau périodique des éléments ou tableau de Meindelev.

2.6. Le but de l'homme dans l'Univers

Le but de l'homme dans l'Univers constitue un sujet auquel chacun cherche à trouver la réponse. Sommes-nous le fruit du hasard, sans dessein, ou sommes-nous destinés à réaliser un dessein ?

Pour les croyants, l'homme a pour but d'adorer et de servir Dieu et de suivre ses commandements ou sa Parole. Pour le communiste, l'homme est comme une machine qui est là pour faire avancer l'histoire. Pour les agnostiques et les athées, l'homme doit profiter de son libertinage et vivre pleinement sa vie sans se culpabiliser dans sa conscience. Pour eux, que la religion soit déversée en Enfer, car il n'y a que de l'arnaque là-bas.

Selon le principe de la Création du rév. Dr. Sun Myung Moon Le fait que Dieu donna son commandement (Gn 2 :17) au premier ancêtre signifie que l'homme est différent des animaux moralement et est créé pour un but et a des responsabilités.

À cause du péché des premiers ancêtres tel que relaté dans la Bible (Gn 3), la relation de donner et recevoir entre la Création (Ro 8 :22) et Dieu fut coupée et par conséquent personne n'a été capable de maintenir une relation de donner et recevoir harmonieuse avec Lui et avec les autres êtres humains. D'où, les athées ont la réponse à l'éternelle question : « À savoir, si Dieu existe, pourquoi il y a tant de crimes dans le monde ? » Suite à la rupture de cette relation, l'homme n'est plus capable de comprendre son but dans l'Univers et vit comme cela bon lui semble, engendrant ainsi son malheur.

Si les premiers êtres humains avaient établi une relation verticale avec Dieu par une relation parfaite de donner et de recevoir, leurs descendants auraient été capables de maintenir une action de donner et de recevoir avec Lui. Et on ne parlerait pas des athées dans ce monde, ni des religieux. Avec cette relation verticale parfaite établie avec Dieu Lui-même, tous les individus auraient été capables d'établir des relations harmonieuses les uns avec les autres et auraient vécu les uns pour les autres, réalisant ainsi le Royaume de Dieu sur la Terre selon l'appel de Jésus, il y a de cela 2 000 ans, comme on peut le lire :

Mc 1 :15 « *Repentez-vous, car le Royaume des cieux est proche.* »

Et sa dernière parole dans le sermon sur la Montagne appelant notre responsabilité, à savoir *« Soyez parfait comme votre Père céleste est parfait* » (Mt 5 :48).

Tel est le but ultime de l'homme dans l'Univers, même si la science ne peut le valider.

2.7. L'action origine-division-union, le but des trois objets et le Fondements des quatre positions.

2.7.1. L'action origine-division-union

L'action d'origine-division-union constitue les résumés de tout ce qui est expliqué dans ce chapitre. C'est l'une des plus grandes découvertes en science que le Rév. Sun Myung Moon nous a léguées. Elle constitue le fondement du fonctionnement des éléments dans l'Univers.

Nous avons dit que Dieu possède en Lui le caractère intérieur et la positivité en position de sujet et la forme extérieure et la négativité en position d'objet. Projetés dans l'univers par la densification de l'énergie, ces caractères étant dans les particules tendent à revenir dans l'unité jusqu'à former des matières ayant ces caractéristiques. Cela se manifeste souvent par des fusions et des fissions entraînant des annihilations et des créations.

Plusieurs lois de la mécanique quantique décrivent ces phénomènes au niveau des particules sans en connaître la cause, qui est le retour à l'unité selon l'action de l'Origine-Division-Union qualifiée de fondement de quatre positions dans le Principe de la Création. Le spin des particules et leurs gravitons viennent de ces caractéristiques divines.

Ne connaissant pas la cause, le physicien américain Richard Feynman disait : *« Tous ceux qui pensent comprendre la mécanique quantique sont des imbéciles »*. Voilà la grande nécessité de l'astrothéologie avec le cours du Principe de la Création du Rév. Sun Myung Moon pour les astrophysiciens.

En résumé, l'action de l'Origine-Division-Union est le cours de développement de la force qui commence en Dieu (l'origine), divise à travers les créatures et unit à nouveau en formant une autre créature possédant en son sein les caractéristiques des deux entités qui doivent de nouveau se séparer pour s'unir à des nouvelles caractéristiques. C'est le cas de la nucléosynthèse, comme nous l'avons dit précédemment, et aussi de la formation des galaxies et des amas des galaxies.

Chapitre V
Les extraterrestres

On entend par la vie extraterrestre ou extra-terrestre, toute forme des vies organiques, ayant comme source, une planète autre que la Terre. La croyance à la vie extraterrestre remonte depuis l'antiquité, mais c'est depuis les années 1980 que cela est devenue l'objet de recherches actives des scientifiques. Des gros budgets susceptibles de rendre mon pays la RDC viable sont consacrés à ces projets.

Ces différents projets ont donné naissance à une nouvelle science, l'exobiologie, qui étudie de manière interdisciplinaire les facteurs et les processus ayant conduit à l'apparition de la vie, d'une manière générale, et à son évolution.

Malgré plusieurs hypothèses des scientifiques et des recherches menées par des grands laboratoires telles que la NASA, aucun élément observable de vie extraterrestre n'a été identifié.

Plutôt que de développer des hypothèses sur l'existence d'une vie extraterrestre, moi, je fais partie de ceux qui disent que les extraterrestres n'existent pas. Ainsi, pour que cela ne soit pas assimilé à une déclaration basée sur la foi, dans ce chapitre, nous allons plutôt offrir quelques paramètres scientifiques qui font que la planète Terre soit la seule plate-bande pour la vie. Si un jour, j'aurai assez des moyens et le temps, j'en publierai un livre entier avec beaucoup plus d'arguments scientifiques. D'autres chercheurs peuvent aussi me précéder.

Section 1

Les déclarations des écrits sacrés

– La formule de la vie

Les astrophysiciens et certains grands religieux ne cessent d'affirmer l'existence des extraterrestres sur des planètes qui n'ont eu aucun contact avec la Terre, comme si la vie était le fruit du hasard. Pour eux, il suffit que les conditions environnementales soient réunies pour que la vue apparaisse d'elle-même. Ils ignorent qu'il y a des équations et des formules bien spécifiques pour que la vie germe. Ces équations, décrites d'une manière littérale dans les points précédents, nous les avons découvertes dans la Bible à travers le verset :

Gn 2 : 7 L'Éternel Dieu forma l'homme de la poussière de la terre ***(Pt),*** *il souffla dans ses narines un souffle de vie* **(Sv)** *et l'homme devint un être vivant* ***(Ev ou Vi).***

Vi = Pt + Sv
Vie (Vi) = Poussière de la terre (Pt) + Souffle de vie (Sv)

J'avais dit dans d'autres livres que donner son point de vue sur les extraterrestres ne fait partie d'aucun modèle, ni d'aucune doctrine. Tant qu'on ne les a pas encore vus, chacun a le droit de spéculer sur leurs existences ou pas. Les vrais croyants par contre se basent sur la Bible, la Torah et le Coran. Ces livres sacrés font de la planète Terre, le seul endroit où Dieu a pu créer la vie organique et a dit à l'homme de se multiplier et de multiplier cela sur tout l'univers à travers les versets suivants :

Gn 1 : 1.28 *Dieu les bénit, et Dieu leur dit : Soyez féconds, multipliez, remplissez la terre (l'univers), et l'assujettissez.*

Ainsi, tous ceux qui développent des arguments scientifiques ou non scientifiques ; athées ou croyants, que les extraterrestres n'existent pas, appuient sans le savoir ces versets. Par contre, tous ceux qui croient à l'existence des extraterrestres ; athées ou croyants, sont les partisans sans le savoir de ceux qui disent que la vie est le fruit de hasard et elle peut apparaitre partout si les conditions sont réunies. Mais tant qu'on n'a pas encore découvert ces extraterrestres, ces livres sacrés gardent encore leurs souverainetés. Et, moi je garde encore ma tête haute par rapport à la majorité des savants et des athées qui pensent que la vie est le fruit de hasard.

- **Les extraterrestres n'existent pas**

La formule mathématique de la Création découverte par moi dans la Bible exclu les extraterrestres. De cette formule de la Création, nous lisons :

– Gn 2 : 7 L'Éternel Dieu forma l'homme de la poussière de la terre ***(Pt),*** *il souffla dans ses narines un souffle de vie* ***(Sv)*** *et l'homme devint un être vivant* ***(Ev ou Vi).***

Vi = Pt + Sv
Vie (Vi) = Poussière de la terre (Pt) + Souffle de vie (Sv)

Le souffle de vie en provenance de Dieu se retrouve dans tout l'Univers. Mais la plate-bande pour l'émergence de la vie se retrouve sur la terre où la vie a été créée. Il nous appartient d'accomplir ce que Dieu attend de nous, à savoir :

Gn 1 : 1.28 *Dieu les bénit, et Dieu leur dit : Soyez féconds, multipliez, remplissez la terre (l'univers), et l'assujettissez.*

Cela ne peut se faire que si l'homme accomplit sa responsabilité sur l'univers telle que nous l'avons développée dans le livre « Big-bang à l'homme ». Cette responsabilité consiste à bien comprendre l'univers, c'est ce que les astrophysiciens font, et à le remplir avec la vie issue de la Terre, jusqu'à amener les sables (sous-sols) terriens remplis des bactéries et des végétaux sauvages. Et, on assistera à des phénomènes qu'on ne peut prédire, dont celui de la multiplication de la vie dans les contrées des planètes, satellites et exoplanètes susceptibles d'abriter la vie.

Ainsi, toute vie qu'on découvrira dans une autre planète, après une analyse minutieuse, on découvrira que son origine est terrienne. C'est le cas qui a été constaté sur une météorite en provenance de Mars tout comme aussi sur ses débris d'épave qu'on a ramassés à la Lune telle que nous pouvons le lire :

« Le 20 Avril 1967, la sonde Surveyor 3 se posait dans l'océan des Tempêtes sur la Lune. Le 12 novembre 1969, l'astronaute Pete Conrad, au cours de la mission Apollo 12, retrouvait l'engin et rapportait sur Terre certains de ses éléments. Des scientifiques ont alors découvert que des bactéries de la famille des streptocoques avaient survécu à bord de la sonde. Ces bactéries se sont protégées du vide spatial et des températures extrêmes de la Lune en adoptant la forme de spores. Mises en culture après leur retour sur Terre, ces bactéries ont recommencé à se développer normalement ». (Cfr : magazine Ciels&espace n° 442-p 62, Mars 2007).

Par-là, nous encourageons les projets d'Elon Musk de l'implantation de la vie sur la planète Mars. Il a ainsi compris la responsabilité de l'homme dans l'Univers.

Nous avons développé notre point de vie concernant les extraterrestres dans notre livre « Big-bang à l'homme ». Et, mettre un point de vie sur l'existence ou non des extraterrestres ne fait partie d'aucun modèle ni d'aucune doctrine religieuse. Même si le Souverain Pontife en fait un argument, cela n'engage que lui-même et non l'Eglise.

Ainsi, au lieu de dire que selon le Modèle Cosmologique universel, les extraterrestres n'existent pas, il serait plutôt correct de dire que selon Flavien PHANZU, les extraterrestres n'existent pas. Et notre argument est fondé autour du verset : « *L'Éternel Dieu forma l'homme de la poussière de la terre, il souffla dans ses narines un souffle de vie et l'homme devint un être vivant (Gn 2 : 7*), où nous avons épinglé la formule de la création.

Étant le premier à découvrir cela, quiconque relayera ses arguments dans un autre travail ou publication, doit préciser que cela fait partie du Modèle Cosmologique Universel.

Section 2
Les paramètres scientifiques d'une planète habitable

Nous avons dit que, selon James Gunn, professeur d'astronomie : « *La cosmologie peut ressembler à une science, mais ce n'est pas une science. Un principe de base de la science est que vous pouvez faire des expériences reproductibles, et vous ne pouvez pas le faire en cosmologie. (Cfr :* James Gunn (Eugene Higgins Professor of Astronomy at Princeton University), in Cho, A., A singular conundrum : How old is our universe ?) Science 317 :1848–1850, p. 1850, 2007).

En effet, Les paramètres scientifiques qui rendent une planète habitable ne peuvent être tirés que de la planète Terre. La liste que nous offrons ici est non exhaustive, mais démontre quand même que la Terre est la seule planète propice à la vie confirmant ainsi la Bible où durant les six périodes de la création, la vie ne fut créée que là-bas. Ainsi énumérés ci-dessous, quelques paramètres propices à la vie qu'on ne retrouve pas dans d'autres planètes et exoplanètes.

2.1. L'atmosphère

L'atmosphère joue un rôle primordial. Si elle est épaisse et riche en gaz carbonique, elle permettra à la planète de demeurer habitable. Mais, si elle est trop fine, comme dans certaines planètes, les ramons nocifs détruiront la vie. Si elle est très riche en eau et en gaz carbonique, la température sera terriblement élevée.

• L'atmosphère filtre les rayons selon la distance d'une planète par rapport à son étoile. Cette distance varie entre 0,11 et 0,22 UA (1 UA équivaut à la distance moyenne Terre-Soleil, soit 150 millions de kilomètres). Mais, si l'atmosphère est trop fine, même une planète demeurant dans cette zone sera inhabitable.

• La Terre comporte quatre couches atmosphériques qui filtrent les rayons solaires et cosmiques nuisibles pour l'organisme, dont la troposphère, la stratosphère, la mésosphère, la thermosphère et l'exosphère. Sans cette atmosphère, le sol terrestre serait criblé des météorites comme le sol lunaire et des autres planètes et la vie serait impossible.

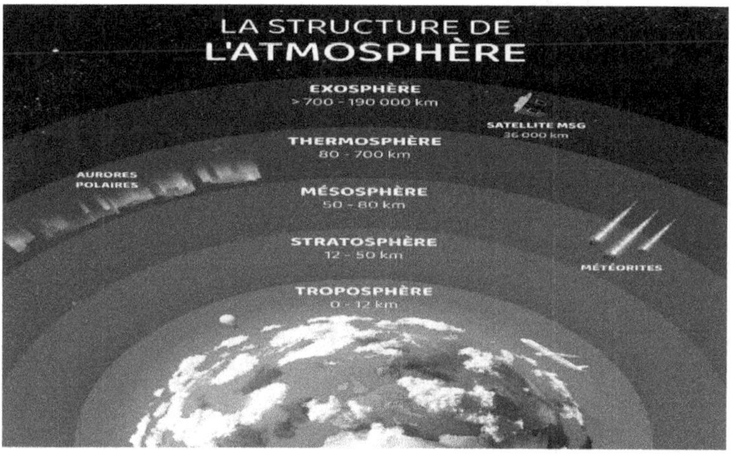
LA STRUCTURE DE
L'ATMOSPHÈRE
EXOSPHÈRE
>700 - 190 000 km
SATELLITE MSG
36 000 km
THERMOSPHÈRE
80 - 700 km
AURORES
POLAIRES
MÉSOSPHÈRE
50 - 80 km
STRATOSPHÈRE
12 - 50 km
MÉTÉORITES
TROPOSPHÈRE
0 - 12 km

2.2. La Pression atmosphérique

Le poids de l'air exerce à la surface de la Terre une force, c'est la pression atmosphérique. Sur la planète Terre, cette pression est de 1 010 hectopascals, ce qui permet à l'eau de se liquéfier. Sur la planète Mars par exemple, elle est de 6 hectopascals, ce qui a pour conséquence d'empêcher l'eau de se liquéfier. Dans une telle planète, l'eau passera directement de l'état gazeux à l'état solide, lors d'une réaction de sublimation. Et cela ne peut favoriser l'émergence de la vie, même si cette dernière serait le fruit du hasard.

En effet, dans la nature, c'est l'eau liquéfiée ou liquide qui permet aux différentes molécules de se fusionner et cela peut aboutir pour les partisans du hasard de la nature à la Création de la vie.

Même dans la Bible, il est écrit que la vie ne pouvait pas apparaitre sans eau liquide. Ainsi, dans le schéma biblique de la Création, on nous dit qu'il n'y avait pas la vie par manque d'eau liquide (Gen 2 :4-5).

Pour qu'il y ait la vie, Il a fallu que le Soleil atteigne sa maturité pour que sa chaleur puisse fondre les glaciations qui couvraient la Terre afin que l'eau se liquifie et que Dieu passe à la Création de la vie selon les partisans du créationnisme (Gen 2 :6). Ce qui est important, c'est plutôt le processus physique qui a conduit à l'émergence de la vie, c'est-à-dire qu'il fallait d'abord la présence de l'eau liquide reconnue par la Bible et confirmée par la science. Lisons :

Gen 2 :4 *Voici les origines des cieux et de la Terre, quand ils furent créés. Lorsque l'Éternel Dieu fit une terre et des cieux,* **5**
aucun arbuste des champs n'était encore sur la terre, et aucune herbe des champs ne germait encore : car l'Éternel Dieu n'avait pas fait pleuvoir sur la terre, et il n'y avait point d'homme pour cultiver le sol. **6** *Mais une vapeur s'éleva de la terre, et arrosa toute la surface du sol.* **7** *L'Éternel Dieu forma l'homme de la poussière*

de la terre, il souffla dans ses narines un souffle de vie et l'homme devint un être vivant.

Le Soleil étant créé au quatrième jour biblique, on comprend que la vie a commencé à apparaitre au cinquième jour biblique. Quand la chaleur du soleil a commencé par réchauffer les glaces qui couvraient la Terre, pour un témoin fictif, le premier phénomène qu'il va constater, c'est d'abord l'élévation de la vapeur (Gen 2 :6) et la seconde, c'est la pluie.

Comme on le voit, tous les processus physiques de la Création sont bibliquement respectés, même si on critique la Bible d'offrir un ordre désordonné. Cela n'est pas dû à Dieu, mais à l'intelligence de l'exégète ou du prophète qui était en train de transmettre cette vision divine du schéma biblique de la Création. En plus, dans ce livre, nous avons prouvé que l'évolution de l'univers selon l'ordre biblique en six étapes n'était pas désordonnée.

2.3. Le champ magnétique

Aujourd'hui, beaucoup sont ignorant que les rayons du Soleil sont nocifs pour la vie sans une protection, malgré l'adage « sans Soleil, il n'y a pas la vie ». Nous en venons d'en parler au point précédent (1.4.2.2.). Pour se prémunir de ces rayons, il faut une protection. La Terre nous offre cette protection naturelle à partir de son noyau qui est métallique ; composé de fer et de nickel, ce qui manque à beaucoup de planètes et d'exoplanètes.

En effet, le noyau terrestre possède un puissant champ magnétique qui protège notre planète des particules énergétiques envoyées par le Soleil. Pour les spécialistes, un tel bouclier magnétique ne peut se former sans l'existence d'un noyau métallique. (Cfr : magazine Ciel&espace n° 378-novembre 2001, p.39).

La planète Mars, par exemple, est dépourvue de champ magnétique puissant à l'image de celui qui règne sur Terre. Elle manque ainsi de bouclier magnétique capable de la protéger des particules solaires ; ce qui rend la vie presque impossible sans une protection artificielle. Presque, parce qu'un jour il y aura l'implantation des êtres vivants qui vont s'y adapter, car la Terre est la seule plante bande de l'Univers.

Je sais que personne ne me primera pour cette déclaration pour la simple raison que l'homme sera toujours à la recherche des extraterrestres pour prouver que la vie est une combinaison du hasard de la nature.

2.4. L'eau

Une température moyenne comprise entre 0° C et 100° C permettent à l'eau d'exister sous sa forme liquide à la surface des planètes. Or, la Terre a une température moyenne de 15°,Satisfaisant ainsi à cette exigence.

Pour naître, la vie a besoin d'eau liquide et il faut qu'il y ait une interaction entre l'eau et la roche afin que naissent les molécules complexes ou les briques du vivant. Ce qui pourrait manquer à certaines planètes ou satellites océans.

2.5. La forme et la masse de la planète et de l'exoplanète

Il existe une confusion fréquente entre masse et poids. La masse caractérise la quantité de matière contenue par un corps donné. Le poids, quant à lui, représente la force avec laquelle cette masse est attirée vers le bas. Pour nous, il s'agit de la Terre. Pour un Martien, il s'agit de la planète Mars.

Ainsi, le poids varie selon les lieux et les conditions extérieures. Ainsi, on dit souvent de façon incorrecte d'un homme d'une masse de 60 kg qu'il pèse 60 kg. En réalité, il ne possède ce poids qu'à la surface de la Terre.

⊠Plus une planète ou une exoplanète est massive, plus sa gravité est importante. Les êtres vivant dans une telle planète seront relativement petits. L'effort nécessaire pour combattre la gravité serait trop important pour des êtres plus grands.
⊠Plus une planète ou une exoplanète est petite, moindre est aussi sa gravité. D'où l'équipement des instruments pesant aux Apollos pour se maintenir sur le sol lunaire. Sinon, ils risquent de s'envoler très loin au moindre bon. En plus, sans cet équipement pesant, ils seront comme une feuille de papier dont le vent peut mouvoir à tout temps.

Ainsi, un homme de 60 kg sur la Terre pèsera six fois moins sur la Lune, soit 10 kg, et 22 fois moins dans un astéroïde tel que Cérès, soit moins de 3 kg. (Cfr : Bonnet-Bidaud J.M., magazine Ciel&espace n°377-10/2001, p.42)

Donc, pour qu'il puisse avoir la vie sur une planète autre que la Terre, la gravitation a aussi son mot à dire.

La question que vous allez me poser : « Est-ce que tout ce que tu viens de dire, les grands savants qui se livrent à la recherche des extraterrestres, ne les connaissent-ils pas ? » La Bible dit : *« La crainte de Dieu est le commencement de la Sagesse et de l'intelligence »* (Pr 9 :10). Tous ces grands savants-là qui n'ont que l'intelligence, ont leur dieu qui a pour nom « le hasard de la nature ». Ainsi, ils recherchent là où ce hasard a encore produit la vie en dehors de la planète Terre pour contredire la Bible, c'est-à-dire nié l'existence d'un Créateur. Et, parfois, les croyants ne comprennent pas cela, jusqu'à dire que l'Église serait prête à bénir ces extraterrestres.

Selon le Principe Anthropique de Brandon Carter, les paramètres terrestres sont réglés comme si c'était une planète qui était destinée à recevoir la vie. Y a-t-il sa jumelle dans d'autres galaxies pour l'éclosion de la vie extraterrestre comme si la vie était un fruit du hasard ?

Selon nous, la réponse est non. Doit-on abandonner la recherche des extraterrestres ? La réponse est aussi non, car cela contribue au développement technologique. Toutes mes publications selon lesquelles les extraterrestres n'existent pas, ont été rejetées dans les journaux et revues scientifiques. Surtout que ce point de vue émane d'un Africain et d'un cosmologiste autodidacte. (Cfr : Forum les Versets des savants : Y-a-t-il des extraterrestres ?).

D'ailleurs, selon l'exobiologiste français François RAULIN, parrain du module Huygens qui était chargé de recueillir in situ des données sur l'atmosphère et la surface de Titan, un des satellites de Saturne, *« l'important est de pousser la réflexion sur les conditions qui ont prévalu à l'émergence de la vie ici-bas, histoire de retrouver des situations comparables dans le cosmos"*. (Magazine Ciel&Espace n° 392, janv-2003, P.49, propos recueilli par Azar Khalatbari). Or pour l'astrophysicien Christian Magnan de l'université de Montpellier, la science possède des certitudes confortant la thèse de l'unicité de notre vie terrestre... ce qui fait que notre humanité est seule dans l'univers. (Magazine Ciel&Espace n° 448, sept-2007, P.7).

Désigner Dieu comme le héros dans l'ombre ou le hasard à cause de la limitation de notre intelligence, les processus physiques cachés ou mystérieux restent les mêmes.

Toutefois, selon nous, si le hasard peut produire une autre vie dans une autre planète que la Terre, alors ça sera la fin du hasard.

La vie deviendra une formule chimique sans le « souffle de vie ». Étant donné qu'on n'a pas encore découvert ses extraterrestres, la Bible et la Torah, en désignant Dieu comme étant le Créateur de la vie sur la Terre selon la formule « poussière de la Terre + souffle de vie » (Gn 2 :7), gardent leur supériorité sur la science.

Pour plus d'arguments :

- Les extraterrestres, la formule de la vie et le hasard de la nature

https://www.youtube.com/watch?v=5FXS9yFvgtk

Les extraterrestres n'existent pas, la mathématique céleste est formelle

https://www.youtube.com/watch?v=rpli8Zpxbwo

DEUXIÈME PARTIE
La restitution du schéma biblique de la création ou le modèle cosmologique universel

Chapitre VI
Le schéma biblique de la création

La restitution du schéma biblique de la création fait l'objet d'un nouveau modèle scientifique dénommé le Modèle Cosmologique Universel. C'est à travers ce modèle que nous tendons à démontrer que le schéma biblique de la création est rationnellement fondé. C'est ce modèle qui vient de concrétiser désormais l'unité entre la science et la religion en ce qui concerne l'évolution de l'univers.

Section 1
L'énoncé de base du schéma biblique de la création

– La restitution du schéma du schéma biblique de la création selon la science

Le schéma biblique de la création est décrit dans la Bible et la Torah dans les deux premiers chapitres du livre de la Genèse. Plutôt que de reprendre tous les récits, nous avons trié les versets qui nous font penser aux différentes phases de l'histoire de l'Univers selon la Bible, sans en bouleverser l'ordre, pour qu'on ne nous traite pas de faire du concordisme. À chaque verset, nous avons joint sa restitution scientifique avant d'entamer les explications en détail dans les sections qui suivent. Cette restitution est aussi confirmée par la science.

– L'Avant Big-bang ou les grands évènements du premier jour biblique

Gn 1 : **1-2** « *Au commencement, Dieu créa les cieux et la terre* (la sphère spirituelle et la sphère physique) ». *La terre* (l'univers) *était informe et vide* ».

Gn 1 :2 « *Il y avait les ténèbres dans la surface de l'abime* ». (Vide profonde sans fin).

Gn 1 :2 « *L'Esprit de Dieu se mouvait au-dessus des eaux* ». (La fluctuation des particules attribuée à l'énergie divine).

Gn 1 :3 « *Dieu dit : « que la lumière soit et la lumière fut* » ; (conséquence de la fluctuation des particules, causant l'apparition de la lumière à cause du réchauffement de l'univers).

Gn 1 :4 « *Dieu sépara la lumière d'avec les ténèbres* » ; (énigme scientifique à résoudre).

Gn 1 :5 *« Ainsi, il y eut un soir, et il y eut un matin : ce fut le premier jour »* ; (fin de l'avant Big-bang ou de l'avant-première période de l'univers selon la science)

- **Le Big-bang ou les grands évènements du second jour biblique**

Gn 1 :7 « Dieu sépara *les eaux d'avec les eaux* et, il se forma une étendue » (Big-bang et l'expansion de l'univers selon la science)

Gn 1 :8 « Dieu appela l'étendue ciel » (l'espace vide).

Gn 1 : 8 « *Ainsi, il y eut un soir, et il y eut un matin : ce fut le second jour* » ; (l'instant zéro de notre Univers).

1.1.3. L'Après Big-bang et La formation des structures ou les grands évènements du troisième et quatrième jour biblique

Gn 1 :9 « *Des eaux du dessous, le sec* ou la terre émergea » ; (commencement de la période d'après Big-bang, mais l'auteur parle directement du système solaire qui intéressait les gens de son époque).

Gn 1 : **13** « Ainsi, il y eut un soir, et il y eut un matin : ce fut le troisième jour biblique ou la seconde période selon la science ;

Gn 1 :14 « *Des eaux du dessus, il y eut formation des luminaires* (2) » (tous ceux qui brillent dans le ciel)

Gn 1 : 19 « *Ainsi, il y eut un soir, et il y eut un matin : ce fut le quatrième jour biblique ou la troisième période selon la science.*

1.1.4. L'apparition de la vie ou les grands évènements du cinquième et sixième jours bibliques

Gn 2 :4-5 « *Lorsque l'Éternel Dieu fit une terre et des cieux, aucun arbuste des champs n'était encore sur la terre, et aucune herbe des champs ne germait encore : car l'Éternel Dieu n'avait pas fait pleuvoir sur la terre, et il n'y avait point d'homme pour cultiver le sol* ».

Gn 2 :6 « Mais une vapeur s'éleva de la terre, et arrosa toute la surface du **sol**

Gn 1 : **20** « Dieu *dit : Que les eaux produisent en abondance des animaux vivants, et que des oiseaux volent sur la terre vers l'étendue du ciel* ».

Gn 1 :**23** « *Ainsi, il y eut un soir, et il y eut un matin : ce fut le cinquième jour biblique ou la quatrième période selon la science.*

Gn 1 :**24**« *Dieu dit : Que la terre produise des animaux vivants selon leur espèce, ...*

Gn 1 :**27** « *Dieu créa l'homme à son image, il le créa à l'image de Dieu, il créa l'homme et la femme* ».

Gn 1 :**31** « *Dieu vit tout ce qu'il avait fait et voici, cela était très bon. Ainsi, il y eut un soir, et il y eut un matin : ce fut le sixième jour » ou la cinquième période selon la science.*

Tous ces six jours bibliques selon les accomplissements de Dieu ont pris des milliards d'années terrestres dont les temps sont comptés à partir de la relation Terre-Soleil.

Section 2
La notion des temps bibliques et de l'évolution

Pour aborder les recherches sur le schéma biblique de la Création, on doit d'abord lever l'équivoque sur la signification des journées bibliques. Sans connaître la notion de temps biblique, nul ne peut décrypter le schéma de la Création selon la Bible et qui, par conséquent, constitue le seul vrai schéma sur l'évolution de l'univers. Toutefois, il y a encore beaucoup d'énigme à élucider ; tel est le but du Modèle Cosmologique Universel.

Les gens critiquent la Bible parce qu'elle parle des jours lors de la Création sur des événements qui ont eu lieu il y a cela des milliards d'années. Il faut savoir que l'écriture ne date que de 7 000 av. J.-C. environ, et que c'est seulement vers les XXe siècles que les notions des milliards dans la cosmologie ont été introduites après la découverte des différentes méthodes de datation. Celui du carbone 14, ne date que de 1950. Alors, comment l'auteur de ce schéma pouvait utiliser un langage qui n'avait pas cours à son époque (1500 ans avant JC) ?

Ainsi, dans ce chapitre, nous voulons clarifier la notion de temps biblique et de l'évolution.

2.1. La notion de temps dans le schéma biblique de la Création

L'un des objectifs de l'astrothéologie est de transmettre le message qui scelle l'unité entre la science et la religion et de recréer la foi à ceux qui sont troublés par des observations scientifiques qui semblent contraires à la Parole.

Si nous arrivons à bien comprendre la signification des six jours de la Création, nous ne serions plus troublés par les datations de fossiles, voire par l'évolution. On ne peut comprendre le schéma cosmologique de la Création biblique sans connaitre la notion de temps et de travail dans la Bible. Ces notions préliminaires sont une base pour bien comprendre le schéma biblique de la Création.

Comme je l'ai dit, dans les débats d'unité entre la science et la religion, la première remarque qui fait l'objet du rejet du schéma de la Création biblique par les scientifiques, ce sont les six jours de la Création.

En effet, la science a découvert que l'univers serait âgé actuellement de 13,8 milliards d'années, alors que selon l'analyse littérale de la Bible, l'univers serait encore jeune de six mille ans. En plus, selon la science, chaque processus dans la Création a pris des millions, voire des milliards d'années, alors que pour le schéma biblique de la Création, cela n'a pris qu'un jour. C'est le cas par exemple, entre le Big-bang jusqu'à la Création du Soleil, il a fallu 9 milliards d'années d'écart, alors que selon le schéma biblique de la Création, il n'a fallu que 4 jours entre l'origine jusqu'à la Création du Soleil. Ainsi, que représente une journée biblique ?

2.1.1. Les journées bibliques sont des périodes

L'ordre de la Création pour toutes les choses figure dans le premier chapitre du livre de la Genèse dans la Bible. Cette classification dans la Bible démontre déjà une hiérarchisation scientifique.

Dans le livre de la Genèse, la Création a requis une période de « six jours », culminant avec la Création de l'homme. Mais étant donné que le livre de 2 Pierre 3 :8 déclare « ... *c'est que, devant le Seigneur, un jour est comme mille ans, et mille ans est comme un jour,* » on comprend que ces jours n'étaient pas en réalité des jours de 24 heures. Ce que le premier chapitre du livre de la Genèse nous dit, c'est que l'univers n'existait pas instantanément, mais fut créé en six périodes graduelles.

Si les explications de ce qui va suivre venaient de moi, mais ce que j'aurais à expliquer vienne de la Bible telle que l'a dit un grand homme de Dieu ; le fondateur de « The Way Internationale », le Dr. Victor Paul Wierwille : « *La Bible s'interprète d'elle-même* ». C'est pour dire qu'à la question de savoir si la Création a eu lieu dans six jours, la Bible elle-même répond à travers les versets suivants que nous aurons à développer et que cela n'a rien à voir avec le concordisme :

2 P. 3 : *« Mais il est une chose, bien-aimés, que vous ne devez pas* ***ignorer****, c'est que, devant le Seigneur, un jour est* ***comme*** *mille ans, et mille ans sont comme un jour ».*

Un exemple frappant qui montre que ce n'était pas des jours ordinaires, mais des périodes, est que pendant les deux premiers jours de la Création dans le chapitre premier de la Genèse, il n'y avait pas encore la Création (l'apparition) des luminaires pour marquer la notion du temps. Celle-ci est intervenue dans Ge 1 :14, pendant la quatrième période de la Création.

Ge 1 :14 « *Dieu dit : qu'il y ait des luminaires dans l'étendue du Ciel, pour séparer le jour d'avec la nuit ; que ce soient des signes pour marquer les époques, les jours et les années...* » ***19.*** *« Ainsi, il y eut un soir, et il y eut un matin : ce fut le quatrième jour. »*

Alors, les deux premiers jours étaient-ils fixés en fonction de quoi, puisque la notion du temps a commencé le quatrième jour ? C'était fixé en fonction de l'aboutissement des évolutions qui se déroulaient dans l'Univers.

Tout ceci est pour confirmer qu'il y a eu bel et bien une notion de temps dans l'histoire de la Création biblique, et les jours dont on parle n'ont rien à voir avec nos journées de vingt-quatre heures fixées sur la base du mouvement de la Terre autour du Soleil. Il s'agit plutôt des périodes non quantifiables par la Bible, mais dont l'auteur les divisait en fonction de l'accomplissement d'un idéal pour passer à une autre. Une fois qu'un idéal est accompli, quel que soit le temps que cela a pris, l'auteur du schéma biblique de la Création le contenait en un jour ; qualifié d'un soir et d'un matin.

Ainsi, la notion du temps biblique étant expliquée, nous découvrons qu'il n'y a pas de discordances entre la science et la Bible. La science nous fait découvrir seulement combien des millions, voire des milliards d'année terrestre, qui étaient contenus dans chaque journée biblique. On comprend par-là que les six jours bibliques sont des grands ensembles dont la science nous dévoile les détails.

En conclusion, le temps terrestre est divisé en fonction de la relation Terre-Soleil. En, suivant le schéma biblique de la création, nous découvrons que la relation Terre-Soleil n'a commencé qu'au quatrième jour. Alors quelles étaient les durées des 2 premiers jours bibliques alors qu'il n'y avait pas encore la relation Terre-soleil ? Nous comprenons directement que le temps biblique était divisé en fonction des accomplissements divins. Nous sommes tous maintenant d'avis, sans faire du concordisme en déduisant que les journées bibliques étaient des périodes, que la création a pris du temps.

Section 3
La notion de l'évolution dans la Bible

Parler de l'évolution dans le schéma biblique de la Création est mal vu par les théologiens. En effet, les théologiens eux-mêmes se contredisent entre évolution et créationnisme. En parlant du créationnisme, les théologiens mettent l'accent sur l'évangile de Jean qui dit : *« **1** Au commencement était la Parole, et la Parole était avec Dieu, et la Parole était Dieu. **2** Elle était au commencement avec Dieu. **3 Toutes choses ont été faites par elle**, et rien de ce qui a été fait n'a été fait sans elle.* » (Jn 1 :1-3)

Dans ces versets, on nous dit que Dieu = Parole, c'est-à-dire que Dieu et la Parole font un. Toutefois, attribuer à Dieu la Parole comme les gens le pensent, c'est lui attribuer les fonctions physiologiques ; c'est ce qui est faux puisque Dieu est spirituel. Ainsi, la Parole de Dieu n'est que Dieu lui-même. En disant que tout a été fait par la Parole, on veut dire tout simplement que tout a été fait par Dieu. Mais, comme l'a dit le pape François cela ne veut pas dire que Dieu a fait apparaitre les choses par des paroles comme un magicien. Nous sommes de son avis.

Dans le schéma biblique de la Création, l'accent est beaucoup plus mis sur le verbe créer, plutôt que sur le verbe dire. Là où les choses ont été les conséquences d'une situation antérieure, l'auteur a utilisé le dicton « Dieu dit ». Là où il a fallu une conception et un travail, l'auteur a utilisé les termes « Dieu créa ».

Par exemple, dans le verset : « *Dieu dit que la lumière soit et la lumière fut* ! » (Gn 1 :3). L'apparition de cette lumière fut la conséquence de ce qui se passa quand « l'*esprit de Dieu ou un vent de Dieu se mouvait sur les eaux* ». (Gn 1 :2). Cela occasionnait le réchauffement des particules pendant le confinement de l'univers durant la période d'Avant Big Bang.

On comprend directement par-là qu'il y a eu évolution dans le schéma biblique de la Création.

3.1. Soir et matin dans la Bible

Ge 1 :4 « ... il y eut un soir et il y eut un matin... »

Nous avons dit que quand le schéma biblique de la Création a été écrit, les notions de datations n'existaient pas et par conséquent, l'auteur n'a trouvé mieux que de diviser en jours les événements dont la science actuelle a découvert qu'ils ont pris des millions, voire des milliards d'années. Par conséquent, les journées bibliques étaient divisées sur la base de l'accomplissement d'un idéal avant de passer dans l'autre et que l'auteur les contenait entre soir et matin ; soit formation et accomplissement formant ainsi une journée qui veut dire une période.

Le « **matin** » signifie, selon le Principe de la création du Rév. Dr. Sun Myung Moon auquel je m'aligne, la période durant laquelle l'idéal de la Création fut tout d'abord réalisé. C'est la période d'achèvement.

Selon la théorie de l'évolution telle que définie dans l'astrothéologie, c'est la période où chaque être atteint la forme finale. Un de ces exemples auxquels nous assistons toujours au début est le renouvèlement de larve, en passant par la chenille pour s'achever au papillon. Mais là, on parle de la métamorphose.

Le « **soir** » signifie, selon le Principe de la création du Rév. Dr. Sun Myung Moon auquel je m'aligne aussi, la période où Dieu créa ou cessa de créer. En comprenant le matin qui vint après le soir et la nuit, Dieu considérait que tout ceci ne faisait qu'un seul jour, *c'est-à-dire le temps de la Création, de la croissance ou de l'évolution et de l'achèvement.* Dieu indiqua quel temps était requis pour que Son idéal de la Création soit réalisé. Temps comprises d'une manière imagée entre un soir et un matin.

La période à laquelle Dieu cessa de créer une chose ou un objet jusqu'à celle où l'idéal de la Création est réalisé, est une période de croissance. Elle est représentée par la nuit, la période se situant entre le soir et le matin. Scientifiquement, cette période est connue sous le nom de « l'évolution ». Une chose subit l'évolution quand elle n'a pas encore atteint la forme finale. Donc, le « matin » représente la période durant laquelle l'idéal de la Création fut réalisé, c'est-à-dire la période de l'achèvement d'un être dans sa forme finale.

3.2. Évolution, créationnisme et croissance

Le créationnisme est le fait d'attribuer l'origine de la Création à Dieu. Après la Création, il y a eu une évolution au sein de l'être, qualifiée bibliquement par les termes « il y eut un soir, et il y eut un matin ». Toutefois, chaque être créé traverse une période de croissance que le Principe de la création du Rév. Dr. Sun Myung Moon attribue à la nuit, soit soir – nuit – matin.

Soir – nuit – matin représentent création – évolution ou croissance – achèvement. La différence qu'il y a entre la croissance et l'évolution est que, la croissance est le changement de l'être qui se déroule au cours d'une vie, tandis que l'évolution est la métamorphose d'un être qui se déroule au cours d'une longue période jusqu'à ce qu'il va acquérir une stabilité dans sa forme. Toutefois, cette métamorphose était déjà inscrite dans ces gènes.

Dans son livre « Création et évolution », le pape Benoît XVI a écrit : *« La théorie de l'évolution n'a pas été prouvée scientifiquement.* » Il a ajouté : » *Vu le temps immense sur lequel joue l'évolution des espèces, il sera impossible de vérifier cette théorie* ». (Cfr : Magazine CIEL&espace, N°445-Juin 2007 ; P.24).

Cette citation confirme la différence qu'il y a entre la croissance et l'évolution selon le Modèle Cosmologique Universel.

Lors d'une intervention devant l'Académie pontificale des sciences, lundi 27 octobre 2014, le Pape François *a* affirmé

que *« … **l'évolution** n'est pas incompatible avec l'idée de Dieu, car elle requiert la Création des êtres capables d'évoluer » (http ://www.LeMonde.fr.2014/10/28).*

Ainsi, dans le schéma biblique de la Création, le fait qu'il ait fallu du temps pour que toute la Création soit réalisée implique qu'une période de croissance est nécessaire pour que chaque être créé atteigne la maturité. C'est dans cette période de croissance comprise entre soir et matin que l'évolution (la nuit) est incluse.

En plus, la succession des événements telle que relatée au premier chapitre de la Genèse est la même que ce que la science a découvert jusque-là : l'homme étant la dernière des créatures à apparaître sur la terre.

Donc, l'évolution n'a rien à voir avec le commencement de l'Univers. D'où, inutile de l'opposer au créationnisme. Ce dernier n'est pas aussi du fixisme, car qui dit créationnisme, dit mise en commun des éléments ou des matières pour créer quelques choses ou un être.

Selon le Principe de la Création du Rév. Dr. Sun Myung Moon, « *si un certain temps n'est pas indispensable pour qu'un être atteigne la perfection, il n'y aurait aucune raison pour que la Création de l'univers n'ait nécessité un certain délai* ». Alors, toute la création se serait déroulait seulement en un seul jour ou en un seul instant par la puissance de Dieu.

Depuis mes publications, En lisant plusieurs théories des internautes actuellement, on voit que le Modèle Cosmologique Universel commence à influencer la pensée théologique et la ramène de plus en plus vers la science. De plus en plus des théologiens commencent à publier sans plus de réserve que les journées bibliques sont des périodes et à reconnaitre l'évolution, mais au sein d'une même espèce et non par la mutation d'une espèce à une autre. C'est aussi l'un des objectifs que nous avons voulu atteindre, à savoir cassé avec le conservatisme qui consiste à nier là où la science exhibe des preuves palpables.

3.3. La mutation

Ceux qui semblent maîtriser la théorie de la mutation, qu'ils nous répondent : La mutation s'opère au cours de la croissance d'un être (individu) ou lors de la reproduction ? Si c'est lors de la reproduction, alors que les êtres ne sont toujours pas groupés, comment expliquer l'uniformité entre des espèces qui se sont séparées des milliers, voire des millions d'années ?

L'uniformité ne peut s'expliquer que si c'est un processus qui est déjà programmé dans l'ADN à partir de l'origine. Dans ce cas, nous pouvons dire que la mutation est un phénomène intérieur dans l'espèce elle-même et ça ne concerne que la forme. Celle-ci prend fin une fois que l'être atteint une forme stable selon son espèce. Ainsi, quels que soient les rêves des hommes d'avoir des ailes pour voler au ciel comme des oiseaux, ça n'arrivera plus, car l'homme a atteint sa forme finale, à moins qu'on ne vienne me contredire par la génération qui nous succèdera à de 3500 ans.

Selon S. Miller, la matière vivante est caractérisée par un organisme qui est capable de se reproduire et qui est sujet à des mutations pouvant se transmettre d'une génération à l'autre. L'origine de la vie se confond avec celle de la Création de cet organisme qui doit être capable de se reproduire et de subir des transformations pour s'adapter à la pression sélective de son environnement. (Cfr : http://clea-astro.eu/lunap/Vie /**Les origines de la vie dans l'Univers** par Guy Moreels).

Quand on croise deux espèces différentes, ce qui est défendu dans la Bible, et qu'on obtient un être qui est différent de ces géniteurs, dans ce cas, on ne parle pas de la mutation, mais de l'hybridation. Et, d'après ce que j'ai lu comme information, car je ne suis pas biologiste, souvent les hybrides sont stériles. Donc, ça ne donne pas lieu à la perpétuation d'une nouvelle espèce d'une manière naturelle dans la nature.

On n'est pas tout le temps obligé de recommencer de croisement forcé pour avoir de telles espèces. Est-ce qu'un lion irait violer une chienne dans la forêt. De tels croisements ne sont que l'œuvre machiavélique des hommes après avoir pris toutes les précautions pour que le lion ne dévore pas l'autre animal femelle qui n'est pas de son espèce.

En conclusion, nous pouvons dire que la mutation est un processus qui a été programmé dans l'ADN de chaque espèce elle-même jusqu'à atteindre une forme stable et adaptative à son milieu. D'où la conclusion que nous avons offerte dans notre livre est que « quelle que soit la forme avec laquelle on représente l'homme primitif, il était toujours un homme image de Dieu ».

Chapitre VII
Le commencement de l'univers

Ge 1 :1 Au commencement, Dieu créa les cieux et la terre 2 La terre était informe et vide.

Après avoir enlevé l'équivoque sur les journées bibliques qui désignent les différentes étapes de la Création et après avoir spécifié la place de la Création et de l'évolution et que ce sont deux notions auxquelles on ne peut pas confronter, car le premier désigne l'origine et le second la croissance et l'adaptation, nous passons maintenant sur les plus grandes énigmes que personne n'a pu résoudre jusque-là, à savoir le début de l'univers.

Ici, il ne s'agit pas de répondre à la question « qui a créé l'univers », mais plutôt « comment l'univers a-t-il commencé ».

Section 1
L'approche scientifique et religieuse de l'origine de l'Univers

Débats sur les origines de l'univers

La question sur les origines de l'Univers soulève beaucoup de passions. Cela demeure comme un flou pour tout le monde, si bien que le physicien et philosophe français Etienne Klein a dit dans « le Discours sur l'origine de l'univers » : *« Parmi toutes les questions que l'on se pose sur l'univers, celle du commencement est la plus vertigineuse, la plus intrigante aussi ».*

Différentes théories concernant le début ont alors été élaborées, que l'on appelle les *théories de l'origine quantique,* « touchant » quelque chose qui, d'une part, n'est plus descriptible avec la physique ordinaire et clairement non vérifiable ou reproductible, et d'autre part appelle naturellement à un élargissement de la rationalité impliquant la métaphysique et la théologie.

Donc, jusque-là, il n'y a aucun modèle scientifique qui ait clairement éclairci la réponse à la question concernant le début de l'Univers. La majorité des modèles scientifiques appuient, avais-je dit, le Big-bang comme étant le début de tout (espace et temps). Quelques astrophysiciens ont quand même complété la théorie du Big-bang pour affirmer qu'il y avait un avant Big-bang sans toutefois toucher au commencement de l'univers.

Pour la religion aussi, se poser des questions sur l'origine de l'univers, c'est emprunter le chemin de la folie. On comprend pourquoi, depuis l'antiquité jusqu'à ce jour, cette question est demeurée pendante et je suis le premier à venir en parler du côté de la religion.

Comme nous l'avons dit, la question de l'origine de l'Univers ne trouve pas des réponses claires en sciences. Personne ne faisant confiance en Dieu, aucune personne n'a voulu aussi interroger la Bible et la Torah. Et, pourtant, ces livres sont les seuls à avoir répondu à cette question depuis 1500 ans av. JC. Cette réponse va étonner tous les scientifiques.

Avec le dicton « rien ne peut provenir de rien », certains scientifiques qualifient l'univers de dieu, c'est-à-dire qu'il s'est auto-créé ; qu'il a toujours existé et aucune divinité ne l'a créé. Je peux dire qu'ils ont raison, sauf que nos points de vue sont différents autour du mot raison.

Tout d'abord, pour créer l'univers, Dieu s'est projeté, ou le Verbe ou la Parole s'est matérialisé selon la Bible (Jn 1 :1-3). En ce sens-là, on pouvait aussi dire que l'univers est Dieu visible. Étant donné que ce Dieu a toujours existé, on pouvait aussi dire que l'Univers a toujours existé.

Scientifiquement, selon mes recherches, c'est le savant italien Gabriele Veneziano qui a été le premier à dire que l'Univers nous vient d'un vide infini avant que les particules commencent à se fusionner. Cela veut dire que l'Univers a toujours existé avant que le chaos cède la place à la matière. En tant que scientifique, je dis qu'il a raison, sauf que pour nous les croyants, ces premiers fusionnements des particules ont suivi le dessein divin.

Dans le cadre de l'astrothéologie, en combinant les données scientifiques avec les écrits sacrés, j'ai abouti à faire ressortir la réponse. Ainsi, je deviens à ce jour la première personne qui vient réellement témoigner que la sphère de l'avant Big-Bang qui a marqué le commencement de l'univers a bel et bien existé et c'était une sphère mouvementée et non une aporie.

L'évolution de l'univers selon la science et la religion

L'évolution de l'univers selon le Modèle Cosmologique Universel comprend trois parties.

– L'Avant Big Bang traite du commencement de l'univers ou du premier jour biblique ;

– Le Big Bang qui marque réellement le début de l'univers répondant à la science, dont l'évènement a eu lieu au deuxième jour biblique ;

– L'après-BigBang qui comprend l'évolution de l'univers à partir du Big Bang et dont la période commence à partir du troisième jour biblique.

Ainsi, c'est le terme Big-bang que les gens aimeraient beaucoup plus connaitre pour mieux situer l'Avant Big-bang et l'Après Big-bang dans l'évolution de l'univers selon la science et selon la Bible.

La signification du Big-bang

Scientifiquement, le Big Bang est un évènement qui marque le début de l'univers, car les phénomènes qui se sont déroulés avant ne répondent pas au calcul de la physique. Bibliquement par contre, le Big Bang ne fut qu'un rebond, car cet évènement a eu lieu au second jour de la création et est connu sous le nom « de la séparation des eaux d'avec les eaux ».

Dans ce point, nous allons seulement parler de sa signification pour la compréhension de nos lecteurs. À savoir que les malentendus autour de la compréhension et de la signification de ces termes sont à l'origine de la séparation entre la science et la religion.

Selon les scientifiques, le Big-Bang représente l'instant zéro de notre univers. En effet, selon les théories admises, notre univers a commencé comme un atome, disons comme un grain pour ceux qui n'ont pas de notions en chimie, et a connu une expansion fulgurante, qualifiée de Big Bang. On comprend que c'est un nom qui explique un phénomène ; l'expansion de l'univers à partir d'un univers condensé ou de quelque chose qui était condensé au début.

Ce nom qui auparavant n'était connu que des scientifiques commence à devenir de plus en plus célèbre dans la littérature générale. Bientôt, il sera même enseigné dans les écoles secondaires. Ce nom est même venu créer une séparation totale entre ceux qui pensent que Dieu est le Créateur de l'univers et la science, où la majorité des scientifiques le brandissent comme étant la Création physique de l'univers sans l'aide d'un Créateur.

D'abord, que signifie le Big-Bang ? Le dictionnaire Larousse le définit ainsi : « Événement assimilable à *une gigantesque explosion*, qui serait à l'origine de l'expansion de l'Univers ; *théorie cosmologique décrivant l'évolution de l'Univers* consécutive à cet événement. »

La théorie du Big-Bang, approuvée de nos jours par des observations, nous dévoile que notre univers est issu d'un atome primitif ou d'une petite bille très chaude appelée univers condensé et qui a connu une expansion fulgurante appelée inflation cosmique. Et, que s'est-il passé avant qu'on arrive à cet univers condensé ? C'est ce qu'on appelle l'avant-Big-Bang.

Si ce phénomène cela fait partie effectivement du début de l'univers selon les observations, alors pourquoi le schéma de la Création biblique, qui est le premier schéma cosmologique à décrire le début et l'évolution de l'univers, n'en parle pas ? Je suis le premier chercheur autodidacte qui s'est penché sur cette question et ce que j'ai découvert ne cesse de surprendre tout le monde !

Comme je l'avais dit au début, je suis le premier chercheur à avoir découvert ce phénomène dans la Bible et ce qui s'est passé avant qu'on arrive avant le Big-bang. C'est une découverte majeure dont j'attends une reconnaissance universelle. Ce sont les événements qui se sont déroulés au premier jour biblique dont je vais restituer dans ce livre pour la compréhension de tous.

Chapitre VIII
L'avant Big Bang

Section 1
Contenus de l'Avant Big-bang

L'Avant Big-bang est biblique

L'Avant Big-bang constitue la période qui va de l'origine de l'univers jusqu'au Big-bang. Bibliquement, c'est la période qui va « de la création du ciel et de la terre » (Gn 1 ;1) jusqu'à la séparation des eaux d'avec les eaux (Gn 1 :7).

L'existence de la sphère de l'Avant Big Bang découverte dans les schémas antiques fait partie de notre plus grande découverte en cosmologie. Selon Thomas Kuhn, « *la découverte n'est pas un événement, mais une suite imbriquée d'événements, ne devenant réellement scientifiques que lorsqu'ils forment un ensemble cohérent* ». (Cfr : Magazine CIEL&espace n°442 – Mars 2007 – Prof. Jean-François Robredo).

Du Big-Bang à l'après-Big Bang continuant d'être analysé dans les différents modèles cosmologiques, l'apport de l'avant-Big-Bang avec un schéma cohérent par le Modèle Cosmologique Universel apporte un plus dans la science, voire à l'évolution de l'univers.

Ceux qui font du concordisme trient les versets, mais le Modèle Cosmologique Universel démontre que le schéma biblique de la Création est cohérent.

L'ignorance de la cosmologie par les traducteurs bibliques fait que l'histoire de la Création contenue dans la Genèse est mal traduite dans toutes les versions bibliques.

Qu'avait-il avant le Big-Bang ? À cause du Mur de Planck, la science n'a pas pu répondre à cette question. Qu'est-ce que le Mur de Planck ? En effet, en faisant le calcul pour remonter jusqu'au Big Bang, les physiciens se sont retrouvés à un point où leurs calculs ne répondent plus, avant même d'aboutir au point zéro qui marque l'instant du Big Bang ou de la séparation des eaux d'avec les eaux selon les termes bibliques. C'est ce point qu'on a appelé Mur de Planck ; faisant du Big Bang lui-même un mystère.

C'est en analysant les écrits sacrés que nous avons découvert les évènements qui se sont déroulés avant le Mur de Planck. Si la science s'y attelle selon le schéma du Modèle Cosmologique Universel sur l'avant-Big Bang, elle y arrivera à franchir ce Mur. C'est pour dire que la Bible a déjà répondu à travers le schéma de la Création biblique contenu dans la Genèse, et qu'il ne reste plus qu'aux scientifiques d'élever l'énigme par la mathématique et ainsi que par les observations.

Quand les évolutionnistes nous parlent de l'univers, ils s'en tiennent à son commencement et non à sa création qui appelle d'autres questionnements. Nous-mêmes, en mettant aussi la Création de côté, la question que nous devrons nous poser est : *« Que dit la Bible à propos du commencement de l'Univers pour que le schéma de la Création devienne un schéma valable pour les scientifiques ? »*

Pour les scientifiques, parler de l'avant Big-Bang relève de la métaphysique et non de la science, car il n'y a aucun argument scientifique observable. Mais nous avons quand même découvert des savants qui ont osé spéculer sur l'existence de l'avant-Big Bang. Parmi les grands savants qui ont raisonné sur cette structure, nous avons cité : l'Italien Gabriele Veneziano dans la théorie des cordes, le Canadien Neil Turok dans le scénario ekpyrotique, le Britannique Sir Roger Penrose dans les Univers cycliques, l'Allemand Martin Bojowald dans les théories de l'Univers en rebond, les Français Igor et Grichka Bogdanov dans Avant le Big-bang. Tous ces grands scientifiques, je les ai découverts seulement après la première publication du livre qui porte ce même nom.

a spécificité du Modèle Cosmologique Universel par rapport à leurs théories est que notre modèle développe une découverte antique, découverte dans des papyrus, et contenue dans la Bible et la Torah. Cette découverte a même permis de découvrir les causes ou l'origine du rayonnement fossile, ce qui est aussi un mystère pour la science jusque-là.

Selon les croyants, Dieu est le Créateur de l'univers. Donc, le Modèle Cosmologique Universel développe le schéma de l'univers tel que Dieu lui-même l'a inspiré aux prophètes. Et, ces découvertes ne cessent de m'étonner, moi qui n'ai jamais fait les études de la physique et de la cosmologie classique. Ainsi, N'étant qu'un simple chercheur autodidacte, nous savons que notre développement n'est pas encore parfait, mais nous continuons toujours nos recherches pour satisfaire les croyants et la communauté scientifique et les aider à pousser plus loin leurs recherches.

1.2. Les différentes étapes de la Création et de l'évolution de l'Univers dans l'Avant Big-bang.

1.2.1. Au commencement Dieu créa le ciel et la terre

Gn 1 :1-2 "Au commencement, Dieu créa les cieux et la terre. La terre était informe et vide... ».

Ce verset, qui marque la porte d'entrée dans la Bible et la Torah, n'a jamais été compris depuis qu'il a été écrit sur des papyrus il y a de cela 3500 ans. Le verbe « créer » démontre que l'Univers a eu un commencement. Son évolution, par contre, est étudiée aujourd'hui dans l'astrophysique et la mécanique quantique. C'est pour dire que l'analyse du schéma de la Création contenu dans la Bible et la Torah relève de la cosmologie, qui est la branche d'astrophysique qui étudie l'origine et l'évolution des structures de l'Univers.

Les chrétiens pensaient que les paraboles avaient commencé avec les Évangiles. Cependant, le premier verset biblique était demeuré jusqu'à ces jours incompris de tous ; chrétiens et juifs, sans exception.

Si la première phrase qui sert de base à un schéma n'a jamais été comprise des siècles et des siècles, qu'en est-il du reste ? On comprend pourquoi le schéma de la Création biblique n'a jamais fait l'objet d'étude approfondie par rapport aux modèles scientifiques. Je suis le premier à m'y consacrer entièrement.

La science, jugeant le langage littéral de la Bible, l'a qualifiée de conte de fées, car il est écrit qu'au commencement Dieu a créé les cieux (le ciel bleu) et la terre (la planète Terre). Même parmi les théologiens chrétiens ou juifs, personne n'a été capable de clarifier les concepts des cieux et de la terre dans ce premier verset par manque des notions de la cosmologie. C'est pour cela que l'astrothéologie vient combler ces lacunes aux théologiens.

En effet, dans ce premier verset de la Bible, à savoir « *Au commencement, Dieu créa les cieux et la terre* », on parle plutôt du début de l'univers. Aucun scientifique jusqu'à présent, ni aucun théologien, ne s'est prononcé clairement sur le début de l'univers. Les scientifiques nous ont tous orientés vers le

Big-bang, qui est une manifestation de l'expansion de l'Univers. Et certains scientifiques brandissent même ce Big-bang pour écarter Dieu en tant que Créateur. Mais comment l'Univers a-t-il réellement commencé et d'où est venue cette matière ou cette énergie qui a connu le Big-bang ?

Depuis 3500 ans que le schéma biblique de la Création a été écrit, c'est pour la première fois qu'une clarification vient d'être apportée par le Modèle Cosmologique Universel, qui est une nouvelle révolution dans la pensée philosophique, scientifique et théologique.

Le Fondateur de « The Way Internationale », le Dr. Victor Paul Wierwille a dit que « *la Bible s'interprète d'elle-même* ». Alors, je n'ajoute rien, je ne fais qu'apporter une clarification qui tient lieu de découverte. Cette restitution du schéma biblique de la Création éclaircit désormais tant pour les scientifiques que pour les théologiens et les philosophes, les débats sur le commencement de l'univers.

Je suis le seul à ce jour à avoir découvert la vraie réponse, pas dans la science, mais dans le premier modèle cosmologique, à savoir le schéma de la Création biblique écrit il y a de cela 3500 ans. Qui va primer un Africain pour une découverte théorique ?

1.2.1.1. Le ciel biblique

Gn 1 :1-2 "Au commencement, Dieu créa le ciel et la terre. La terre était informe et vide... ».

Que signifie Dieu créa « le ciel », car matériellement, c'est une sphère qui n'existe pas ?

La question semble être banale, et pourtant chaque personne n'a qu'une vision incomplète de ce mot. Généralement, en parlant du ciel, les gens pensent au ciel bleu et à l'espace vide au-dessus de nos têtes. Aujourd'hui, nous allons parler du concept « ciel ou cieux ».

En effet, le ciel bleu que nous voyons, ainsi que l'espace vide au-dessus de nos têtes, ne sont constitués que des gaz terrestres. En principe, cet espace vide s'étend à l'infini, car les frontières de l'univers ne sont pas encore découvertes et le ciel bleu qu'on pense qu'il clôture l'univers, n'est qu'une illusion ou un horizon.

Le 12 avril 1961, dans le cadre du programme spatial soviétique, Youri Alekseïevitch Gagarine, pilote et cosmonaute soviétique, après avoir effectué un vol dans l'espace au cours de la mission Vostok 1, prononça une phrase qui avait beaucoup plu aux scientifiques, à savoir : « J'ai sillonné le ciel, mais, je n'ai pas vu Dieu ». Et, pourtant, les chrétiens prient « Notre Père (Dieu) qui est aux cieux ». Si c'est le même ciel, pourquoi Youri Gagarine ne l'a pas vu ?

Pour éclaircir cette question, nous avons fait appel à notre connaissance élémentaire de la cosmologie et de la théologie. Le mot cieux ou ciel, nous le retrouvons d'abord dans la première phrase biblique où on lit : *« Au commencement, Dieu créa le ciel et la terre »*. Le ciel auquel il est fait allusion dans ce verset est le monde spirituel ; une sphère non physique.

Donc, « *Dieu créa les cieux et la terre* » selon la Bible veut dire « Dieu créa le monde spirituel et le monde physique ». C'est dans ces cieux ou ciel, irréels pour la science, que toutes les religions situent les entités invisibles : Dieu, les anges, les esprits errants, les paradis, l'enfer. Et tout ce qui est physique ou l'Univers est représenté bibliquement par la terre.

Toujours dans le schéma de la Création biblique, si nous descendons un peu vers le bas (Gn 1 :9) on nous parle de *« la séparation des eaux d'avec les eaux »*. Et la Bible dit, c'est cette étendue qui s'est créée entre les eaux du dessus et les eaux du dessous qu'on appelle *ciel*. Là maintenant, on est en face du ciel physique qui est le vide ou l'étendue qui contient tout. Eux-mêmes, les scientifiques le confirment en parlant du début de l'espace-temps. C'est différent du ciel en tant que sphère, qui représente la sphère spirituelle.

Le ciel physique n'est que le vide que nous voyons, ce vide qui me sépare de l'autre, qui me permet de me mouvoir, ce vide qui contient tout ce qui se trouve dans l'univers. Le vrai terme du ciel physique est le vide ou l'espace. Si nous les combinons, ça devient le vide spatial. Ainsi, Gagarine n'a pas sillonné le ciel, mais plutôt le vide spatial. Et, dans le vide spatial, on ne peut voir ni Dieu, ni les anges, ni les esprits errants.

Donc, dans la même Bible, nous avons deux concepts pour le mot « ciel ». En disant qu'au commencement Dieu créa le ciel, là, nous avons la sphère spirituelle, invisible à nos sens. Tandis qu'au troisième jour, en appelant l'étendue créée par la séparation des eaux d'avec les eaux du ciel, là, nous avons affaire au vide spatial. Le ciel bleu que nous voyons au-dessus de nos têtes n'est qu'un horizon créé par la combinaison des gaz atmosphériques et des rayons du Soleil. En fait, ce n'est qu'un vide qui s'étend à l'infini. Or, nos yeux sont incapables de voir jusqu'à l'infini. À une certaine distance, il y a un horizon où nous pensons que c'est la limite de l'univers ; or, ce n'est qu'une illusion. Il en est de même pour le ciel qui n'est qu'une illusion.

Ainsi, quand la Bible et tous les livres sacrés parlent des « cieux ou du ciel », ils se réfèrent au monde spirituel, irréel pour la science et invisible à l'œil nu et aux appareils. Mais, quand la littérature générale et la science parlent du ciel, elles se réfèrent à l'espace et au vide visible au-dessus de nos têtes qu'on appelle vide spatial. Beaucoup de croyants me posent la question, qu'est-ce que vous cherchez là au ciel ? Je leur réponds : nous ne faisons pas des recherches au ciel, qui est un domaine spirituel. Nos recherches se limitent dans le vide spatial.

Certains scientifiques aussi me posent la question : nous sillonnons le ciel, mais nous ne voyons ni vos dieux, ni vos anges. Et je leur réponds : vous ne sillonnez pas le ciel, car ça fait partie du domaine spirituel. Vous sillonnez le vide spatial où on ne peut voir des êtres spirituels.

Ainsi, le ciel et le vide spatial sont deux mots différents. Le ciel, ça se réfère au domaine spirituel, invisible à nos sens, tandis que le vide spatial ou l'espace se réfère à ce qui est physique, perceptible par nos sens. Ainsi, nos avions et autres engins ne volent pas dans le ciel, mais dans l'espace. À la question de savoir le ciel, c'est où ? C'est la sphère spirituelle et invisible qui contient et englobe l'espace physique.

1.2.1.2. Le ciel bleu au-dessus de nos têtes

Gn 1.6 *Dieu dit : Qu'il y ait une étendue entre les eaux, et qu'elle sépare les eaux d'avec les eaux. 7 Et Dieu fit l'étendue, et il sépara les eaux qui sont au-dessous de l'étendue d'avec les eaux qui sont au-dessus de l'étendue. Et cela fut ainsi. .8 Dieu appela l'étendue ciel. Ainsi, il y eut un soir, et il y eut un matin : ce fut le second jour.*

Pourquoi l'espace au-dessus de nos têtes est-il bleu, alors que ce n'est qu'un vide ? Cette couleur, avons-nous dit, est créée par la réfraction des rayons du Soleil sur les gaz de notre atmosphère. Cela signifie que nous sommes trompés par une vision d'optique, car même le Soleil, la Lune et les étoiles sont au-dessus de ce ciel bleu que nous voyons. En d'autres termes, matériellement, le ciel que nous voyons de couleur bleue n'existe même pas. Il n'y a qu'un vide profond où la Terre, les planètes, le Soleil et les étoiles et d'autres corps célestes ne font que tourner perpétuellement (rotation et translation).

Ainsi, en disant qu'au commencement Dieu créa les cieux ou lorsque les croyants prient « Notre Père qui est au ciel » ou lorsque Jésus dit « je suis descendu du ciel » ou « il est monté au ciel », finirons-nous un jour par situer géographiquement ce lieu ? Non, il s'agit de la sphère spirituelle, par opposition à la sphère physique représentée par le mot « terre » dans ce premier verset biblique, que la science appelle « l'Univers ».

1.2.1.3. La terre (Gn 1 :1)

Gn 1 :1-2 "Au commencement, Dieu créa le ciel et la terre. La terre était ***informe et vide...Ce fut le premier jour****. ».*

Gn 1 : .7 Et Dieu fit l'étendue, et il sépara les eaux qui sont au-dessous de l'étendue d'avec les eaux qui sont au-dessus de l'étendue. Et cela fut ainsi.9 Dieu dit : Que les eaux qui sont au-dessous du ciel se rassemblent en un seul lieu, et que le sec paraisse. Et cela fut ainsi. 10 Dieu appela ***le sec terre****, et il appela l'amas des eaux mers. Dieu vit que cela était bon. :* ***Ce fut le troisième jour****.*

Pourquoi, au premier jour, on parle d'une terre informe et vide et, au troisième jour, d'une terre solide avec sa forme actuelle ? Nous voyons par-là que la terre dont on parle au premier jour, qui représente l'univers, est différente de la terre dont on parle au troisième jour, qui représente la planète Terre.

Dans le Modèle Cosmologique Universel, Dieu en tant que Créateur est reconnu comme un Héros dans l'ombre. Ainsi, dès le premier jour où le mot « terre » fut prononcé pour la première fois dans la Bible dans le verset « *La terre était informe et vide* », tout ce qui a suivi après, s'est accompli sur base de la combinaison des éléments physiques et chimiques dont certains mystères échappent encore à la science actuelle. C'est par là que les croyants privilégient le nom de Dieu et les scientifiques parlent du « hasard de la nature ». Toutefois, l'analyse de la nature nous montre que c'est un « hasard » intelligent et non accidentel, comme l'a qualifié le brillant physicien britannique Stephen Hawking.

Nous avons démontré que les journées bibliques telles que citées dans le schéma biblique de la Création étaient des périodes. Nous avons aussi démontré dans le verset *« Au commencement Dieu créa le ciel et la terre »*, que le mot « ciel » n'avait rien à voir avec le ciel bleu. Qu'il s'agissait plutôt du monde spirituel, avec des arguments en appui.

Dans ce sous-point, nous allons voir plutôt ce que signifie le mot « terre » dans ce verset. Car, comme je l'ai dit, il faut entrer dans la pensée de l'auteur. Le prophète Moïse, avec son intelligence très supérieure par rapport aux gens de son époque, même de notre époque, savait que la terre n'est qu'un élément dans l'univers. Par conséquent, dans le verset « Au commencement Dieu créa le ciel et la terre », il ne parlait nullement de notre planète « Terre ». Ce n'est qu'au troisième jour ou à la troisième période de la Création qu'il a parlé pour la première fois de notre planète.

La compréhension littérale du verset « *Au commencement Dieu créa le ciel et la terre » (Gn 1 :1)*, sans lire ce qui suit, a fait que les savants ont trouvé que la place de cette histoire du schéma biblique de la Création est dans la poubelle. Or, la clé de tous les mystères de l'Univers tant sur le plan scientifique que théologique se trouve dans la phrase qui suit. Sur les huit milliards de personnes dans l'humanité, j'ai été le seul à découvrir cette clé et j'en suis très fier.

Moïse, un savant pluridisciplinaire, ne savait pas que dans 3500 ans plus tard, il y aura une nouvelle génération des savants très rationnels qui vont passer au peigne fin son modèle. Malgré cela, il a tout dit dans le schéma biblique de la Création avec des détails précis dont je suis le premier à avoir fait les découvertes.

Pour ne pas être incomprise dans la phrase *« Au commencement Dieu créa le ciel et la terre »*, il précisa que la terre dont elle parlait était « informe *et vide »*. Dans la Bible version Septante, qui est la première version biblique traduite de l'hébreu en grec, mais classée dans les archives, car soutenue par aucune église, il est écrit noir sur blanc : « *La terre était invisible et vide »*. Or, notre planète Terre est visible et palpable.

C'est pour dire que dans le verset « *Au commencement Dieu créa le ciel et la terre* », il ne s'agissait pas de notre planète Terre qui est visible et palpable.

Gn 1 :1-2 "Au commencement, Dieu créa le ciel et la terre. La terre était invisible et vide... » (Bible version Septante).

Dans le verset ci-dessus, Moïse décrit cette terre en disant qu'elle fut invisible et vide. C'est dans la cosmologie et non dans la théologie que nous pouvons comprendre et expliquer ce que signifie « *Au commencement, la terre fut invisible et vide* ».

Le schéma biblique de la Création est le premier schéma dans la cosmologie à dévoiler comment l'Univers a commencé à travers le verset « Au *commencement, la terre fut invisible et vide » (Gn 1 :2)* qui veut dire tout simplement qu'au commencement l'univers fut une espace vide à l'œil nu et sans forme. La majorité des savants font du Big-bang le début de l'Univers, or, le Big-bang témoigne déjà de l'existence de quelque chose qui a commencé son cycle dans un passé lointain. Ce passé lointain, c'est le schéma biblique de la Création qui nous le dévoile à travers sa restitution dans le Modèle Cosmologique Universel.

1.2.1.3.1. La terre fut informe et vide ou les origines de l'Univers

Nous avons dit dans nos précédentes publications que depuis l'antiquité jusqu'à ce jour, je n'ai découvert que deux savants qui ont présenté un schéma adéquat des origines au Big-bang. Sur le plan scientifique et avec un raisonnement scientifique, c'est le savant italien Gabriele Veneziano avec la théorie des cordes. Sur le plan religieux et dans l'antiquité, c'était le savant Moïse qui avait offert un schéma transcrit dans la Bible.

Je suis à ce jour le premier en tant que novice à restituer clairement ce schéma biblique tant pour les scientifiques que pour les théologiens qui se livrent aux recherches. Les points communs entre le travail scientifique du savant Gabriele

Veneziano et celui de Moïse sont que l'univers était au départ un vide (la terre était informe et vide).

Le savant italien Gabriele Veneziano l'articule ainsi dans la théorie des cordes : « *L'univers était presque vide* (la terre était informe et vide) *et ne contenait qu'un gaz raréfié de rayonnements et de matière* (eau selon le langage antique). »

Gabriele Veneziano	Bible version Septante
l'univers était presque vide et ne contenait qu'un gaz raréfié de rayonnements et de matière	la terre était invisible et vide et un esprit de Dieu se mouvait au-dessus des eaux

- **Énergie du vide :** Esprit de Dieu (selon le langage antique)
- **Gaz rayonnant et matière :** eaux (selon le langage antique)

Selon les expériences du CERN au LHC en Suisse, la compression de l'énergie contenue dans le vide (rayonnement) crée la matière en se référant à la formule $E=mc^2$. En effet, la transformation de l'énergie en matière a été prédite dans la théorie de la relativité restreinte d'Einstein.

Ainsi, pour tous ceux qui veulent poser la question comment les particules (l'eaux selon la Bible) étaient apparue dans cet univers vide qualifié de « *terre informe et vide* » dans la Bible ? Ils ont la réponse ; c'est sur base de la compression de l'univers qualifié d'un esprit de Dieu se mouvant que l'énergie a pu générer ces eaux (particules). En principe, ce ne fut qu'une densification de l'énergie du vide (esprit de Dieu). C'est ainsi, que la Bible ne parle pas de la création des ces eaux, car elles se sont formée sur base des propriétés contenus dans l'énergie ou esprit de Dieu qui veut dire une énergie en provenance de Dieu, munie des propriétés divines. L'étude du principe de la création et de la pensée de l'unification du Rév. Dr. Sun Myung Moon s'impose pour tous ceux qui veulent approfondir les recherches à ses sujets.

Donc, personne ne peut condamner les croyants à désigner Dieu comme étant le Créateur, car tout est parti sur base des propriétés que Lui-même a projeté dans l'énergie du vide ou « esprit de Dieu » selon la version Louis Segond et « vent de Dieu » selon la version Bible de Jérusalem.

1.2.1.3.2. Le début de l'univers ou terre selon la Bible

Que connaissons-nous à propos du commencement de l'Univers ? C'est une question qu'aucun scientifique n'a su répondre. Mais, en nous basant sur trois versions de la Bible, dont la première utilisée par les catholiques, la seconde utilisée par les protestants et la troisième qui a été abandonnée dans les archives, nous obtenons la réponse dans un plateau. Lisons :

Gn 1 :1-2 : » Au commencement, Dieu créa le ciel et la terre. Or la terre était ***vide*** *et* ***vague****...Ce fut le premier jour ».* ***(Version Jérusalem)***

Gn 1 :1-2 : « Au commencement, Dieu créa les cieux et la terre. La terre était ***informe*** *et* ***vide*** *... Ce fut le premier jour ».* ***(Version Louis Segond)***

Gn 1 :1-2 : « Au commencement, Dieu créa le ciel et la terre. La terre était ***invisible*** *et vide... Ce fut le premier jour ».* ***(Version Septante)***

Parmi les trois versions ci-dessus, la version la plus originale est la version Septante, qui est abandonnée dans les archives, car soutenue par aucune Église. C'est la première version qui a été traduite de l'hébreu en grec en 270 av. J.-C. par les Juifs eux-mêmes. Les autres traducteurs, se demandant comment une terre pouvait être invisible, ont commencé à mettre leurs commentaires sans savoir qu'ils s'éloignaient de la vérité.

En effet, en parlant de la Création de la terre au premier jour, l'auteur a voulu spécifier qu'il ne s'agissait pas de la planète Terre. Comme le mot « univers » n'avait pas cours à l'époque (1500 ans av. JC) et pour faire la différence avec notre Terre, il a émis une définition, à savoir : « *La terre était invisible et vide* », avais-je dit.

Notre planète Terre est visible et a une forme. Même la fumée ou la vapeur peuvent être photographiées et on peut voir leur forme lors de la photographie. Mais ici, on nous parle d'une terre informe, vide et vague. C'est pour dire tout simplement que quelque chose qui n'a pas de forme est comme un gaz incolore dont on ne peut voir. C'est comme l'air. Qui peut préciser la forme de l'air dans le vide ? Et pourtant, il est là, invisible.

Nous savons que la Terre est composée de la matière. En parlant d'une « *terre invisible et vide* », l'auteur du schéma de la Création biblique voulait tout simplement nous dire qu'à son début, l'univers était composé par des matières invisibles, si bien qu'il semblait être vide. C'est difficile pour les théologiens et les communs de Mortel de comprendre cela, mais pour les astrophysiciens, ils savent qu'une telle matière ne pouvait être que des particules.

Donc, par rapport à tous les modèles scientifiques, la Bible est la seule à dire avec autorité que l'univers qu'il qualifia de « terre invisible et vide' était vide au début, mais rempli d'une matière invisible. Sans se référer à la Bible, il y a du moins le physicien italien Gabriele Veneziano qui, sans le savoir, a confirmé ce verset en disant que « *l'univers vient d'un vide infini et qu'il était rempli des particules* » *(Cfr :* https://www.pourlascience.fr/sd/cosmologie/l-univers-avant-le-Big-bang-2971.php

Pour les croyants, l'infini représente Dieu. L'univers fut qualifié d'une « terre invisible » dans la Bible. Les particules furent représentées par les eaux selon les traductions bibliques. Moïse a parlé plutôt de l'hydro ; c'est-à-dire tout ce qui, dans la finalité, génère de l'eau. Et c'est le savant Lavoisier qui est venu lui confirmer sans le savoir, y compris les scientifiques actuels.

Donc, à dater de ce jour, que tout le monde sache que la terre dont parle le premier verset de la Bible au premier jour représente l'Univers. Et, à travers le développement scientifique fait par le savant italien Gabriele Veneziano, nous découvrons bien que cela répond aux observations.

Outre le schéma biblique de la Création et le savant italien Gabriele Veneziano, la théorie selon laquelle l'univers était vide au départ (*une terre informe et vide* selon la Bible)) est aussi soutenue par des le savant Lawrence Krauss de l'Université d'État de l'Arizona dans la théorie du néant quantique. *(Cfr :Phanzu.F. Les énigmes de l'Univers résolues dans le Modèle Cosmologique Universel ; éd. Librinova, Paris 2021).*

Section 2
L'esprit de Dieu et l'eau

Gn 1 :1-*2 : « Au commencement, Dieu créa le ciel et la terre. La terre était* ***invisible*** *et* ***vide,*** *il y avait des ténèbres à la surface de l'abîme, et* ***l'esprit de Dieu*** *se mouvait au-dessus des* ***eaux****... Ce fut le premier jour »*. (Bible Version Septante)

La restitution scientifique de ces versets est : « Au commencement, Dieu créa la sphère spirituelle et la sphère physique ou l'univers ». L'univers était **invisible** et vide. *Il y avait des ténèbres à la surface de l'abîme, et une énergie se mouvait sur les particules...* Ce fut la première période.

2.1. L'infini et le chaos

Selon le Pr. italien Gabriel Veneziano, l'univers nous vient d'une sphère infinie, avant que ne se forment les particules. Mais d'où sont venus ses premiers éléments ?

Selon le dictionnaire Larousse, un élément est une substance (réputée) simple, entrant à titre privilégié dans la composition de ce qui se rencontre dans la nature. Donc, c'est un constituant d'un ensemble et par conséquent, un ensemble est constitué d'éléments.

Mais qu'y avait-il avant le premier élément ?

S'il y avait quelque chose avant le premier élément, cette chose devait aussi être un élément. Le premier élément à pouvoir se former après la combinaison des particules subatomiques dans l'après-Big Bang, c'est l'hydrogène. Mais avant que celle-ci se forme, on parle d'une soupe primordiale composée par des quarks et des gluons. Ce sont ces derniers qui viendront constituer l'hydrogène.

Pour savoir ce qu'il y avait avant les premiers éléments, on doit aller même au-delà du monde quantique. Cela nous amène à entrer dans la métaphysique. Pour cela, il n'y a que le schéma de la Création selon la Bible, dont je suis le seul à le restituer scientifiquement dans le Modèle Cosmologique Universel, qui décrit ce qu'il y avait à l'origine par rapport aux livres scientifiques.

Selon le Modèle Cosmologique Universel, la Bible nous dit qu'au commencement la « *terre était informe et vide* » dans la version Louis Segond. Dans la version Septante qui est la version originale par rapport à toutes les versions qui ont été traduites après, nous lisons : « *Au commencement, la terre était invisible et vide.* » Dans ce verset, l'auteur a insisté pour faire la description de la terre afin d'attirer notre attention qu'il ne parle pas de notre planète Terre. Comme le mot Univers n'existait pas à son époque, alors, il a préféré nous dire ça sous forme d'explication en parlant d'une « *terre invisible et vide* ».

Les termes « terre invisible » étaient pour nous dire qu'il y avait quelque chose dans ce vide au commencement de l'univers. Donc, selon la Bible, dont je suis aussi le premier à faire cette découverte, l'Univers a commencé dans le vide, mais, dans ce vide, il y avait quelque chose qu'il qualifia de terre invisible.

Aujourd'hui, à travers la science, nous apprenons que dans le vide, il y a toujours de l'énergie. Donc, si la Genèse était réécrite à ce jour, Moïse aurait tout simplement utilisé le mot « énergie dans le vide » à la place d'une « terre invisible ou informe ».

On comprend par-là que la Bible est théologique pour certains points et scientifique aussi pour d'autres. C'est plutôt le langage qui a été utilisé à l'intérieur qui ne permet pas aux scientifiques de le comprendre. Mais son auteur fut un savant dans l'antiquité. Il a été le premier à exploiter l'énergie solaire dans le désert qu'on a qualifié de l'arche de l'Alliance. Encore un non qui a empêché aux gens de comprendre qu'il s'agissait, outre l'intervention divine, aussi de la domestication de l'énergie solaire. J'ai décrit toutes les prouesses de ce savant qui est Moïse dans mon livre "De Noé à Barack Obama".

Revenons maintenant sur ce qu'il y avait avant le premier élément, c'est-à-dire pour moi, avant l'hydrogène et ses composants.

Donc, selon le schéma biblique de la Création, restitué dans le Modèle Cosmologique Universel, l'Univers a commencé dans un vide quantique. Pour passer à la science et comprendre tout ce qui s'est passé après dans ce vide quantique jusqu'à ce qu'on aboutisse au Big Bang, le cheminement a été fait par le Professeur Gabriele Veneziano, qui jusque-là est encore ignorant qu'il avait fait un développement de ce verset sur le commencement de l'Univers.

Pour le Professeur Gabriele Veneziano dans le Modèle des cordes, l'univers nous vient d'un vide infini (rejoignant la Bible) avant que les fluctuations des particules virtuelles se transforment en particules réelles.

Pour l'astrophysicien français Christian Magnan, professeur au collège de France et à l'université Montpellier : « L'infini est une notion mathématique qui n'a pas de sens en physique. Quand on applique des équations de la relativité générale à un milieu homogène, on obtient deux types de solutions mathématiques : fini ou infini... Dans les autres branches de la physique, lorsqu'une théorie conduit à une solution infinie, cela prouve qu'elle est incomplète. (Cfr : Magazine Ciel&espace n°392, 01/2003, p. 28; propos recueillis par Azar Khalatbari). Le professeur Christian Magnan a raison dans la mesure où nos connaissances sur la physique de la création sont encore incomplètes. En effet, certaines propriétés de la mécanique quantique restent encore un mystère pour les physiciens, y compris les propriétés du vide dont on ne sait pas encore si ça crée ou il fait apparaitre les particules par ses fluctuations. On ne saura jamais appliquer une équation sur le commencement de l'Univers, sinon de relever seulement ses composantes d'origine. Or, ses composantes ont aussi leurs origines. D'où la phrase physique appropriée est « l'univers vient de l'infini », tandis que la phrase théologique appropriée est « l'univers vient de Dieu ».

Le point commun entre la science et la religion ou entre le professeur Gabriele Veneziano dans le modèle de corde et le Modèle Cosmologique Universel est qu'au commencement de l'univers, il n'y avait que des particules (invisibles) représentées bibliquement par les termes « les eaux », selon le verset : « La terre était informe et vide : il y avait des ténèbres à la surface de l'abîme, et l'esprit de Dieu se mouvait au-dessus des eaux » (Gn 1 :2). Une terre informe et vide signifiant l'univers, tandis que « les eaux » représentant les particules invisibles. L'esprit de Dieu signifie l'énergie du vide ou les fluctuations du vide.

Section 2
L'esprit de Dieu et l'eau

Gn 1 :1-*2 : « Au commencement, Dieu créa le ciel et la terre. La terre était* ***invisible*** *et* ***vide,*** *il y avait des ténèbres à la surface de l'abîme, et* ***l'esprit de Dieu*** *se mouvait au-dessus des* ***eaux****... Ce fut le premier jour* ». (Bible Version Septante)

La restitution scientifique de ces versets est : « Au commencement, Dieu créa la sphère spirituelle et la sphère physique ou l'univers ». L'univers était **invisible** et vide. *Il y avait des ténèbres à la surface de l'abîme, et une énergie se mouvait sur les particules...* Ce fut la première période.

2.1. Le vide est infiniment rempli de l'énergie

Selon le Pr. italien Gabriel Veneziano, l'univers nous vient d'une sphère infinie, avant que ne se forment les particules. Mais d'où sont venus ses premiers éléments ?

Selon le dictionnaire Larousse, **un élément** est une substance (réputée) simple, entrant à titre privilégié dans la composition de ce qui se rencontre dans la nature. Donc, c'est un constituant d'un ensemble et, par conséquent, un ensemble est constitué d'éléments.

Mais qu'y avait-il avant le premier élément ?

Sil y avait quelque chose avant le premier élément, cette chose devait aussi être un élément. Le premier élément à pouvoir se former après la combinaison des particules subatomiques dans l'après-Big-Bang, c'est l'hydrogène. Mais avant que celle-ci se forme, on parle d'une soupe primordiale composée de quarks et de gluons. Ce sont ces derniers qui viendront constituer l'hydrogène.

Pour savoir ce qu'il y avait avant les premiers éléments, on doit aller même au-delà du monde quantique. Cela nous amène à entrer dans la métaphysique. Pour cela, il n'y a que le schéma de la Création selon la Bible, dont je suis le seul à le restituer scientifiquement dans le Modèle Cosmologique Universel, qui décrit ce qu'il y avait à l'origine par rapport aux livres scientifiques.

Selon le Modèle Cosmologique Universel, la Bible nous dit qu'au commencement la « *terre était informe et vide* » dans la version Louis Segond. Dans la version Septante, qui est la version originale par rapport à toutes les versions qui ont été traduites après, nous lisons : « *Au commencement, la terre était invisible et vide.* » Dans ce verset, l'auteur a insisté pour faire la description de la terre afin d'attirer notre attention sur le fait qu'il ne parle pas de notre planète Terre. Comme le mot Univers n'existait pas à son époque, alors, il a préféré nous dire ça sous forme d'explication en parlant d'une « *terre invisible et vide* ».

Les termes *« terre invisible »* étaient pour nous dire qu'il y avait quelque chose dans ce vide au commencement de l'univers. Le mot terre dans ce contexte représente une sphère de la matière, sauf que cette matière était invisible. **Invisible** veut dire quelque chose qui existe mais qu'on ne voit pas ou qu'on ne peut voir soit. C'est comme aujourd'hui quand on parle de la matière noire qui remplit l'univers.

Donc, selon la Bible, dont je suis aussi le premier à faire cette découverte, l'Univers a commencé dans le vide, mais, dans ce vide, il y avait quelque chose qu'il qualifia « d'invisible ».

Aujourd'hui, à travers la science, nous apprenons que dans le vide, il y a toujours de l'énergie et des particules. Donc, si la Genèse était réécrite à ce jour, Moïse aurait tout simplement utilisé la phrase « l'univers était invisible et vide » à la place d'une « terre invisible ou informe ».

On comprend par-là que la Bible est théologique pour certains points et scientifique aussi pour d'autres. C'est plutôt le langage qui a été utilisé à l'intérieur qui ne permet pas aux scientifiques de le comprendre. Mais son auteur fut un savant dans l'Antiquité. Il a été le premier à exploiter l'énergie solaire dans le désert qu'on a qualifié de l'Arche de l'Alliance. Encore un nom qui a empêché les gens de comprendre qu'il s'agissait, outre l'intervention divine, aussi de la domestication de l'énergie solaire. J'ai décrit toutes les prouesses de ce savant qui est Moïse dans mon livre "De Noé à Barack Obama".

Revenons maintenant sur ce qu'il y avait avant le premier élément, c'est-à-dire pour moi, avant l'hydrogène et ses composants.

Donc, selon le schéma biblique de la Création, restitué dans le Modèle Cosmologique Universel, l'Univers a commencé dans un vide quantique. Pour passer à la science et comprendre tout ce qui s'est passé après dans ce vide quantique jusqu'à ce qu'on aboutisse au Big Bang, le cheminement a été fait par le professeur Gabriele Veneziano, qui jusque-là était encore ignorant qu'il avait fait un développement de ce verset sur le commencement de l'Univers.

Pour le professeur Gabriele Veneziano, dans le Modèle des cordes, l'univers nous vient d'un vide infini (rejoignant la Bible) avant que les fluctuations des particules virtuelles se transforment en particules réelles.

Pour l'astrophysicien français Christian Magnan, professeur au Collège de France et à l'université Montpellier : « L'infini *est une notion mathématique qui n'a pas de sens en physique.» Quand on applique des équations de la relativité générale à un milieu homogène, on obtient deux types de solutions mathématiques : fini ou infini... « Dans les autres branches de la physique, lorsqu'une théorie conduit à une solution infinie, cela prouve qu'elle est incomplète.* » (Cfr : Magazine Ciel&espace n°392, 01/2003, p. 28 ; propos recueillis par Azar Khalatbari)

Le professeur Christian Magnan a raison dans la mesure où nos connaissances sur la physique de la création sont encore incomplètes. En effet, certaines propriétés de la mécanique quantique restent encore un mystère pour les physiciens, y compris les propriétés du vide dont on ne sait pas encore si ça crée ou s'il fait apparaître les particules par ses fluctuations. On ne saura jamais appliquer une équation sur le commencement de l'Univers, sinon de relever seulement ses composantes d'origine. Or, ses composantes ont aussi leurs origines. D'où la phrase physique appropriée « l'univers vient de l'infini », tandis que la phrase théologique appropriée est « l'univers vient de Dieu ».

Le point commun entre la science et la religion ou entre le professeur Gabriele Veneziano dans le modèle de corde et le Modèle Cosmologique Universel est qu'au commencement de l'univers, il n'y avait que des particules (invisibles) représentées bibliquement par les termes « *les eaux* », selon le verset : *« La terre était informe et vide : il y avait des ténèbres à la surface de l'abîme, et l'esprit de Dieu se mouvait au-dessus des eaux »* (Gn 1 : 2). Une terre informe et vide signifiant l'univers, tandis que « les eaux » représentent les particules invisibles. L'esprit de Dieu signifie l'énergie du vide ou les fluctuations du vide sur la base d'une énergie attribuée à Dieu.

Toujours pour comprendre les contenus de l'univers au départ selon la Bible, suivons le point qui suit et que cette dernière ne s'écarte pas de la science.

2.2. Le vide est infiniment rempli de l'énergie

Qu'entendons-nous par les termes « invisible et vide » ?

Si nous insistons tellement sur l'explication de certains termes, c'est parce que c'est pour la première fois que les versets bibliques faisant partie du premier jour sont en train d'être dévoilés. Ce sont des explications qu'on ne peut retrouver dans aucun livre antérieur aux miens. Et, cela fait partie du Modèle Cosmologique Universel dont je suis l'inventeur.

Invisible veut dire, quelque chose qui existe, mais qu'on ne voit pas. Actuellement, on désigne la matière noire et de l'énergie sombre comme étant invisibles. Quant au terme **vide et ses composantes**, nous lisons ceci :

« Les physiciens modernes définissent ***le vide*** *comme ce qui reste quand on a éliminé tout ce qu'il est expérimentalement possible d'enlever d'une partie de l'espace : ainsi le vide est défini par une limite expérimentale. Pour faire le vide, on prélève d'une enceinte toute matière visible, solide liquide ou gazeuse. Quand on a prélevé toute la matière, l'espace n'est toujours pas vide : il contient encore un rayonnement électromagnétique. Une partie de ce rayonnement est d'origine thermique, issue du rayonnement des*

corps matériels, et peut donc être supprimée par refroidissement de l'enceinte contenant le vide, mais l'autre partie du rayonnement est d'origine différente. Quand bien même on réduirait (par la pensée) la température du vide jusqu'au zéro absolu, il subsisterait un ensemble fluctuant d'ondes électromagnétiques. ***Ce rayonnement résiduel, le rayonnement de point zéro, qu'il est impossible de supprimer, est une caractéristique du vide*** ». (cfr ; TIMOTHY BOYER| 01 décembre 2000| POUR LA SCIENCE N° 278|)

Donc le passage de l'infini à l'invisible s'est fait sur la base des rayonnements (divins) comme premières composantes de l'Univers tels que découverts par la science et décrits en observation dans les citations ci-dessus.

2.3. Esprit de Dieu et Eaux

Gn 1 :2 « *Un esprit ou Un vent de Dieu se mouvait sur les eaux* ». (Louis Segond et Jérusalem)

Nous avons dit selon la Bible version Septante que le commencement de l'univers a été défini comme « *une terre invisible et vide* », démontrant qu'il n'y avait rien comme matière visible. Dans le point suivant, on nous dit qu'un vent de Dieu se mouvait sur les eaux. Comment peut-il y avoir de l'eau dans un univers vide et invisible pour un témoin fictif ? Par-là, nous comprenons que même l'eau dont on parle ici devrait aussi être quelque chose d'invisible, mais qui était actionnée par une énergie dont Moïse l'a attribuée à l'esprit ou à un vent de Dieu ; le mot énergie n'existant pas dans l'antiquité.

En effet, à la question de savoir d'où est venue la matière qualifiée de l'eau dans un univers invisible et vide, les savants ont découvert que dans le vide même le plus complet, il y a de l'énergie (Cfr : Energie du vide ; Wikipédia).

Le langage ancien pour désigner l'énergie était l'Esprit. Étant donné qu'il était actif, dans la version Bible de Jérusalem, il fut qualifié d'un vent de Dieu. Scientifiquement, on parle de l'énergie du vide sur les particules (eaux), composée de particules et d'antiparticules. Leurs croisements incessants furent bibliquement qualifiés par la phrase *« Un esprit de Dieu se mouvait dans les eaux »*.

Des particules virtuelles aux particules réelles font partie d'une grande matière de la physique quantique à laquelle les savants s'attèlent actuellement Donc, comprenant que dans le verset, « *l'esprit de Dieu se mouvant sur les eaux* » était une mouvance de l'énergie sur les particules dans un univers vide, il n'y a que les astrophysiciens qui arriveront à nous dire un jour ce qui s'est passé.

Comme je l'ai dit, le physicien italien Gabriele Veneziano a été le premier dans la science à décrire ce phénomène du début de l'univers sans savoir qu'il a expliqué les événements du premier jour biblique.

Dans ce livre, j'utilise le langage que les théologiens peuvent comprendre, car ces phénomènes sont étudiés dans la mécanique quantique. Pour les scientifiques, je leur joins ce lien pour comprendre comment les choses se passent dans l'univers vide et invisible tel que décrit dans la Bible par le verset « Un esprit de Dieu se mouvait sur les eaux » :

Annihilation particule/anti-particule

L'annihilation des particules et des antiparticules reçoit beaucoup de presse – cela semble mystérieux, effrayant et excitant et fait son chemin dans beaucoup de science-fiction – mais ce processus de pain et de beurre au cœur de la physique des particules crée beaucoup de confusion. Matt Strassler [25 mars 2012] https://profmattstrassler.com/articles-and-posts/particle-physics-basics.

2.3.1. L'origine de l'énergie du vide ou d'un vent de Dieu

« La terre était informe et vide : il y avait des ténèbres à la surface de l'abîme, et l'esprit (vent) de Dieu se mouvait au-dessus des eaux » (Gn 1 :2).

D'où est venu que dans un univers vide (*La terre était informe et vide),* **il y eut croisement ou fusion des particules et des antiparticules créant des annihilations et des créations** ?

Même la science ne peut expliquer l'origine de cette force qui les a attirées. D'où le qualificatif biblique « *l'esprit de Dieu ou un vent de Dieu* », c'est-à-dire une force attribuée à Dieu. Voilà comment le schéma biblique de la Création est un schéma complet, même s'il manquait les mots scientifiques il y a 3500 ans de cela.

De nos jours, la science essaye d'intégrer et de créer des notions telles que graviton, superforce pour combler ce vide. Nous avons expliqué d'où est venue cette force invisible au sein des particules virtuelles dans le point concernant « les caractéristiques de Dieu ».

Quand la Bible parle d'un « *esprit ou d'un vent tournoyant ou se mouvant* », on découvre qu'on est en face d'un phénomène dynamique dans l'avant Big-bang dont l'auteur l'attribue à la puissance divine. Mais cela ne change pas de nature si la science la qualifie de l'attraction gravitationnelle, car la science a tendance à remplacer des termes basés sur la foi par des termes scientifiques.

Ainsi, dans une attraction gravitationnelle, on voit les corps se rapprocher ou se fusionner, mais on ne voit pas la force qui les fait rapprocher. C'est ainsi que Moïse a qualifié cette force de l'esprit divin ou du vent de Dieu, c'est-à-dire l'attribuant à Dieu. Mais ce fut un phénomène physique dont la science parle des gravitons ou des superforces.

Donc, la phrase biblique qui décrivait ce qui s'est passé dans « *une terre invisible et vide* » est la suivante : « *Un vent ou un esprit de Dieu se mouvait sur les eaux* » *(Gn 1 ;2).*

Pour son développement scientifique, nous nous sommes référés à la théorie des cordes du physicien italien Gabriele Veneziano qui s'articule ainsi : *« À l'origine, l'univers était toujours vide. Dans ce vide, la gravité a fini par prendre le dessus et la matière (les particules) a commencé par s'agglomérer. »* (Cfr : LES SECRESTS DE L'ESPACE « HORS-SERIE » N° 7 ; Les mystères de l'Univers, p.13).

En conclusion, l'« *eau* » dont on dit que l'esprit de Dieu se mouvait sur les eaux au premier jour biblique ou à la période moins un de l'Univers était des *« particules »*. Peut-être qu'un jour, la science trouvera un autre nom pour cette matière primitive d'*avant le* Big Bang. Si nous, nous les qualifions de particules et que Moïse les a qualifiées des eaux, c'est pour dire que la matière était la même, mais chacun a utilisé une appellation conforme à son époque pour se faire comprendre de ses contemporains.

2.3.2. Utilisation du mot « eaux » par Moïse

Les noms qu'on retrouve sur la Terre ne viennent pas de Dieu. C'est l'homme qui a le pouvoir de donner les noms aux choses qu'il découvre. Selon l'astrophysicien sud-américain Felix Mirabel, inventeur des expressions « microquasar » et « galaxies naines de marée », « *il faut trouver le mot, l'analogie qui permettra aux gens de comprendre un phénomène* ». *(Magazine Ciel&espace n°378 novembre 200, p. 31).*

C'est ainsi que même dans la Bible, toutes les choses ont été approchées par l'homme afin de leur attribuer un nom comme nous pouvons les lire :

Gn 2.19 L'Éternel Dieu forma de la terre tous les animaux des champs et tous les oiseaux du ciel, et il les fit venir vers l'homme, pour voir comment il les appellerait, et afin que tout être vivant portât le nom que lui donnerait l'homme.

Gn 2.20Et l'homme donna des noms à tout le bétail, aux oiseaux du ciel et à tous les animaux des champs ;

Gn 3.20 Adam donna à sa femme le nom d'Eve : car elle a été la mère de tous les vivants

Ainsi, beaucoup de personnes me posent des questions comme : pourquoi la Bible n'a pas utilisé les termes particules, Big-bang, millions, milliards, etc. ?

Ces termes n'ont été créés que récemment avec le développement de l'astronomie, il y a un siècle de cela. Les écrits bibliques de l'Ancien Testament nous viennent de l'antiquité où les termes scientifiques n'existaient pas. Nous-mêmes aussi, peut-être, ce que je qualifie de particules primitives, la science trouvera un jour un nom approprié pour cela, pour faire la différence avec les particules élémentaires.

Certains scientifiques tels que Igor et Grichka Bogdanov parlent de l'instaton. (Cfr : Avant le Big Bang, éd. Grasset, Paris

2004.) Ce sont des matières très difficiles à expliquer. Je suis le premier à offrir un langage qui permet à tout le monde de comprendre la cosmologie en me servant du schéma biblique de la création.

Pour ce qui concerne l'utilisation du mot « eaux » comme matière primitive dans la Bible, ce sont les traducteurs qui en sont les auteurs pour le rapprocher de ce qu'ils ont lu, et cela n'a fait que détruire encore le schéma biblique de la Création. Le mot grec original est ὕδωρ *(hudôr)* qui signifie hydro (cfr : eau ; Wikipédia), c'est-à-dire quelque chose lié à l'eau ou qui génère de l'eau.

Après tout, l'analyse des éléments de l'Univers démontre que l'eau est partout sous différentes formes, comme nous pouvons le lire dans cet article :

« *Une équipe d'astronomes américano-canadiens est formelle : il y a de l'eau à la surface du Soleil ! On sait depuis une trentaine d'années que la vapeur d'eau est présent dans le spectre des étoiles géantes rouges, de type M ou des naines brunes. Dans le Soleil, on la retrouve à l'endroit des taches solaires où il fait moins chaudes. En pointant une de ces tâches avec le télescope de 1 m de Kitt Peak, en Arizona, les astronomes ont découvert des raies caractéristiques de l'eau à l'endroit où la température n'était que de 3 300 K. À savoir que la molécule d'eau se dissocie lorsque la température dépasse 3 900 K. Or la surface du Soleil est à 5 900 K* ». (Cfr : Magazine CIEL ET ESPACE N° 306 p.6 – Octobre 1995).

Beaucoup des mots bibliques ont été complétement dénaturés par leur traduction de la Bible hébraïque ou grecque en d'autres langues. Scientifiquement, selon la nucléosynthèse, toute la Création après le Big-bang est issue de l'hydro, terme utilisé originellement dans la Bible, que Lavoisier a qualifié de l'hydrogène (ce qui génère de l'eau), confirmant ainsi l'utilisation du mot « eaux » dans la Bible par Moïse.

À noter que lors de la simulation de la collision des particules pour découvrir ce qu'a été l'Univers à son début, les savants, à leur plus grand étonnement, ont découvert que cette collision avait produit un liquide. Et étant donné qu'ils n'ont pas regardé le rétroviseur pour se souvenir de l'antiquité où tous les grands sages ont parlé de l'eau, ils ont donné leurs interprétations.

Quel autre nom Moïse pouvait employer pour désigner cette masse ? Lisons ce qu'a écrit l'un des savants témoins de l'événement après l'expérience et la découverte de ce liquide. Ici, elle ne parle pas sous forme d'un raisonnement philosophique ou métaphysique, mais elle interprète le résultat après l'expérience scientifique :

« *À la naissance de l'Univers, pendant quelques millionièmes de seconde, la matière a existé sous la forme d'un milieu extrêmement chaud et dense – une sorte de* « ***soupe*** » *primordiale de particules, composée principalement de particules fondamentales de matière qu'on appelle les quarks et les gluons* ». (Corinne Pralavorio : CERN ; **Des collisions d'ions au LHC à une nouvelle énergie record** 27 nov. 2015, 15.41, article sur Web).

Dans le Grand collisionneur des Hadrons (LHC) ou dans tout laboratoire de simulation, on arrête la machine pour voir le résultat et l'étudier, ce qui crée déjà une limitation. Mais, à l'échelle de l'Univers, les phénomènes sont cumulatifs pendant des millions, voire des milliards d'années. Alors quelle chaleur ces collisions ont-elles atteint avant le Big-bang ? C'est une chaleur qui peut transformer en fluide tout l'Univers.

Section 3
L'abime ou l'effondrement gravitationnel dans le vide

3.1. L'abime

Gen 1 :2 « ... *Il y avait des ténèbres à la surface de l'abime...* »

Pour démontrer que même sans la science, le schéma biblique de la Création explique l'origine et l'évolution de l'Univers, chaque verset devrait être la suite cohérente du précédent afin d'obtenir son adhésion dans la science, comme décrit dans cette citation : « *La découverte n'est pas un événement, mais une suite imbriquée d'événements, ne devenant réellement scientifiques que lorsqu'ils forment un ensemble cohérent* ». (Thomas Kuhn).

Ainsi, après avoir décrit ce qui se passait dans « *une terre invisible et vide* » ou l'Univers à son début, le schéma biblique de la Création nous démontre à travers le verset qui suit que « *cette mouvance de l'esprit de Dieu sur les eaux* » a provoqué un effondrement ou la première déformation de l'espace à travers le verset *« Il y avait des ténèbres à la surface de l'abime »*. (Gn 1 :2).

3.1.1. L'abîme ou L'effondrement gravitationnel

Gn 1 :*2 « ...Il y avait des* ***ténèbres à la surface de l'abime*** *; et l'esprit de Dieu se mouvait au-dessus des eaux ». (Louis Segond)*

En astronomie, un effondrement gravitationnel est une contraction soit de l'énergie, soit des particules, soit des matières sous l'effet de leur propre attraction gravitationnelle. Ayant acquis une surcharge dans l'espace, le corps s'effondre sur lui-même, en déformant le tissu de l'espace. C'est ce qui s'est passé réellement quand l'univers était encore vide.

Le verset « *L'esprit de Dieu se mouvant sur les eaux* » signifie la contraction des énergies par une force que Moïse attribua à Dieu jusqu'à ce que celle-ci ait fini par déformer le tissu de l'espace qualifié d'abîme dans la Bible.

Après une « *terre invisible et vide* », on nous dit qu'« *il y avait des ténèbres à la surface de l'abime* » (Gn 1 :2). Ces versets font basculer le schéma de la Création biblique de la cosmogonie à la cosmologie.

Par abime, on sous-entend un trou, mais pourquoi le savant Moïse a utilisé spécialement le mot « abime » ? Selon le glossaire biblique, « *un abîme est un trou dont on ne peut voir le fond et où il y a des phénomènes mystérieux (inconnus) qui se déroulent à l'intérieur et que c'est une zone de non-retour une fois franchie* ».

Quand le savant John Wheeler en 1967 a fait des recherches sur les abîmes célestes, il les a surnommés des « trous noirs ». Et les trous noirs répondent effectivement à la définition d'abime. Cette fois-ci, c'est la science qui a manqué un nom pour désigner ces structures, tout comme la Bible a manqué le mot pour désigner « l'univers primitif » et à parler d'une « terre invisible et vide ».

En effet, le premier jour biblique fait partie de l'avant Big-bang. Or, tous les savants qui ont raisonné sur ce qu'a été l'avant Big-bang ont parlé soit d'un effondrement (abime) comme le savant italien Gabriele Veneziano, soit d'un trou noir (abime) comme le savant britannique Roger Penrose. Certains, comme le physicien français J.P. Luminet, ont émis l''hypothèse que l'univers pourrait être issu d'un trou de verre qui est la sortie du trou noir. Et les récentes études faites à l'Institut Perimeter du Canada infirment qu'il y avait un trou noir avant qu'on aboutisse au Big-bang. La Bible, au même titre que les scientifiques, a aussi mentionné cette structure sous le nom d'abime.

Nous voyons que tous ces scientifiques qui ont raisonné sur les phénomènes qui se sont déroulés dans l'Avant Big-bang, ont confirmé sans le savoir le verset biblique : « *Il y avait des ténèbres à la surface de l'abîme* », c'est-à-dire l'existence d'une masse qui a creusé l'espace. Et les ténèbres, c'est ce qui caractérise aussi les surfaces des trous noirs. Et, c'est acquis aujourd'hui que sans étoile, l'univers reste ténébreux. Comment était créé ce trou noir ou cet effondrement gravitationnel à l'avant du Big-bang qualifié d'abîme dans la Bible ?

Selon les expériences du CERN au laboratoire de la physique nucléaire (LHC en Suisse), la compression de l'énergie crée la matière. Et, dans un univers invisible et vide, il n'y avait que de l'énergie qui se manifestait parfois sous forme des particules et qui s'entrecroisait selon le principe d'incertitude. Leur compression, selon la phrase biblique « *Un vent de Dieu se mouvant sur les eaux* », a effectivement déformé le tissu de l'espace.

Scientifiquement, la théorie des cordes de **Gabriele Veneziano** l'explique ainsi : « *À l'origine, l'univers était toujours vide. Dans ce vide quantique, la gravité a fini par prendre le dessus et la matière (les particules) a commencé par s'agglomérer. La densité de la matière est telle dans certaines régions qu'elle forme un trou noir incroyablement massif, dont l'intérieur connait un processus d'expansion.* ». (Cfr : LES SECRESTS DE L'ESPACE « HORS-SERIE » N° 7 ; Les mystères de l'Univers, p.13).

Voilà comment s'est formé l'abîme, auquel il est écrit : « *Il y avait des ténèbres dans la surface de l'abîme* », par l'accrétion des particules qualifiées des eaux dans le verset : « *L'esprit de Dieu se mouvait sur les eaux* » (Gn 1 :2). Et c'est dans cet abîme que les processus ayant conduit les particules virtuelles aux particules réelles ont eu lieu. En conclusion, *« un vent de Dieu se tournoyant dans les eaux* » était l'attraction gravitationnelle qui s'exerçait sur les particules dans l'univers d'Avant big-bang.

3.1.2. L'abîme ou Le trou noir

Le trou noir d'avant Big-bang ou l'abîme selon la Bible fut causé par une contraction énergétique et non par l'effondrement d'une étoile, comme l'ont infirmé les physiciens de l'Institut Perimeter du Canada, comme nous pouvons le lire :

« *Trois chercheurs de l'Institut Périmètre ont publié un article dans Scientific American, dans lequel ils imaginent que notre univers pourrait avoir pris naissance dans un trou noir contenu dans un univers ayant quatre dimensions* ». (cfr :https://oumma.com/Big-bang-debut-ou-eternel recommencement-entre-la-science-et-lideologie-eternaliste par **Rafik Hiahemzizou, 10** juin 2019).

Pour ceux qui n'ont pas la notion d'astronomie, un trou noir est comme un grand tourbillon dans le ciel profond qui engloutit et broye toutes les matières qui s'y approchent à ses environs, y compris les planètes et les étoiles.

Selon le Modèle Cosmologique Universel, certain trou noir se forme à partir d'un phénomène qui commence par un effondrement gravitationnel d'une masse de gaz qui se contracte, en devenant une étoile. À l'éclatement de cette dernière, il laisse un espace vide créant une zone tourbillonnante ou un trou noir autour de son noyau, qualifié d'abime dans la Bible.

Mais, quand on parle de l'abime biblique, il s'agit d'une déformation créée par la contraction des particules d'un univers en plein confinement.

Du début de l'effondrement de gaz jusqu'à la formation du trou noir, ça peut prendre des millions d'années. Ainsi, affirmer qu'il y a eu un trou noir avant le Big-bang, c'est affirmer qu'il y avait un précédent univers avant le nôtre. Telle est la conclusion des savants qui ont raisonné sur l'univers avant le Big-bang, telle que le prix Nobel de physique Roger Penrose.

Mais, si on leur pose la question : comment a commencé ce premier univers où une étoile est allée même jusqu'à s'effondrer ? Là, personne n'a plus de réponse, car on revient dans le mystère de l'œuf à la poule. C'est par là qu'est intervenue la théorie des cordes du savant italien Gabriele Veneziano, confirmant le schéma de la Création biblique que j'ai eu à restituer dans le Modèle Cosmologique Universel.

Selon le savant italien Gabriele Veneziano, avons-nous dit, l'univers a commencé dans un vide infini (la terre était invisible et vide, selon la Bible version Septante). Et, au cours de son évolution, les forces de la nature ont fusionné les particules, jusqu'à aboutir à un effondrement gravitationnel devenant un trou noir (un abîme selon la Bible). Bibliquement, le phénomène est décrit ainsi : « *Il y avait les ténèbres dans la surface de l'abime* (trou-noir), *et l'esprit de Dieu se mouvait sur les eaux* (particules ou gaz*)* » contenues dans cet abime (Gen 1 :2).

En langage scientifique, *« l'esprit de Dieu se mouvait »* veut dire qu'il y avait une contraction des particules (eaux) par une force que l'auteur a attribuée à Dieu.

Donc, il n'y a jamais eu un trou noir au sens propre avant le Big-bang causé par l'effondrement d'une étoile, et par conséquent, il n'y a jamais eu d'univers parent qui a donné naissance à notre univers, comme l'ont infirmé le savant britannique Sir Roger Penrose, prix Nobel de la physique, et récemment par plusieurs savants de l'Institut Perimeter du Canada.

L'effondrement gravitationnel (abime selon la Bible) était causé par la contraction des particules (l'esprit de Dieu se mouvait sur les eaux) comme l'a affirmé le savant Gabriele Veneziano. Comme je l'ai dit, ce dernier ne sait même pas qu'il a éclairci un des versets le plus compliqués dans la Bible.

En effet, restituer le premier jour biblique a été pour moi l'étape la plus difficile et je suis le premier dans l'univers à être parvenu a expliqué les mystères qui sont contenus dans ces versets. Même si la science mettra des réserves, mais, je suis pour le moment l'homme le plus heureux pour cette découverte de la structure d'avant Big-bang dans les écrits qui datent de 1500 ans av. J.-C.

Section 4
Et la lumière fut !

*Gn 1 : **3** Dieu dit : Que la lumière soit ! Et la lumière fut.*

4.1. L'origine à la première lumière de l'univers

Gn 1 :2 « Or, la terre était invisible et vide » (Version Septante)
*« Les ténèbres étaient à la surface de l'abîme, et un vent de Dieu se mouvait sur les **eaux** »*
Gn 1 :3 *« Et Dieu dit : que la lumière soit, et la lumière fut »*

Il y a trois phénomènes très importants qui nous renseignent sur l'état de l'eau qui est mentionnée dans ce premier jour biblique ou l'avant Big-bang.

Premier phénomène ; dans un univers vide au commencement, un vent de Dieu se mouvant sur les eaux, celui-ci, en se chauffant, a fait jaillir la lumière (Dieu dit : que la lumière soit, et la lumière fut). Selon les lois physiques, le confinement de la matière entraine son réchauffement. Étant donné que celle-ci est allée jusqu'à faire jaillir la lumière, on voit qu'il ne s'agissait pas de l'eau courante.

Deuxième phénomène ; dans un univers vide, il ne peut y avoir que des matières invisibles, c'est-à-dire les particules que Moïse a qualifiées des eaux par manque de termes scientifiques à son époque. Et, pour le Professeur Gabriele Veneziano qui ne savait pas qu'il développait le premier jour biblique, ce sont le confinement des particules (un vent de Dieu se mouvant sur les eaux) dans l'avant Big-bang qui ont entrainé le premier effondrement gravitationnel, créant d'après lui un trou noir dont le vrai nom est celui que Moïse a utilisé, c'est-à-dire l'abîme ou la première déformation du tissu de l'espace. (Cfr : Les mystères de l'UNIVERS ; Les secrets de l'espace *HORS-SERIE N° 07, P.13).

Troisième phénomène ; Pendant que ces particules s'effondraient, entraînant une condensation extrême, il y a eu réchauffement jusqu'au jaillissement de la première lumière de l'univers, qualifiée bibliquement par les termes : « *Dieu dit : Que la lumière soit ! Et la lumière fut.* » C'est pour cela que les savants disent que l'univers condensé avant le Big-bang était extrêmement chaud.

Je sais qu'il y a des personnes qui sont encore sceptiques face à ces grandes découvertes qu'ils sont en train de lire. Jamais personne n'aura pu imaginer que l'eau dont on parle en Gn 1 :2 était invisible à l'œil nu, car elle s'agissait des particules. Mais les versets ci-dessus viennent encore confirmer tout ce que nous avons dit jusque-là.

4.2. « La lumière fut ! » est Le rayonnement fossile

*Gn 1 : **3** Dieu dit : Que la lumière soit ! Et la lumière fut.*

Le fonds diffus cosmologique, appelé aussi le rayonnement fossile, est la première lumière qui est apparue dans l'univers. Pourquoi les fluctuations de cette lumière emplissant tout l'univers sont devenues les témoins de son origine, que ça soit pour les partisans de l'univers d'avant Big Le fond diffus cosmologique, appelé aussi le rayonnement fossile, est la première lumière qui est apparue dans l'univers selon la science. Cette apparition du rayonnement fossile a eu lieu 380 000 ans après le Big Bang, alors que l'apparition de la première lumière selon la Bible (Et, la lumière fut !) a eu lieu dans le premier jour biblique ; c'est-à-dire avant le Big-Bang. Quel lien y a-t-il entre ces deux lumières ? Pourquoi les fluctuations de cette lumière emplissant tout l'univers sont devenues les témoins de son origine, que ce soit pour les partisans de l'univers d'avant le Big Bang et ceux d'après le Big Bang ? Y a-t-il une similitude entre cette lumière qui est apparue 380 000 ans après le Big Bang et la lumière qui est évoquée dans la Bible dans le verset « Dieu dit que la lumière soit et la lumière fut » ? (Gen 1 :3)

Nous avons dit que tous les phénomènes rapportés dans le premier jour biblique ont eu lieu dans l'avant Big-bang. Les études scientifiques, par contre, ont démontré que la première lumière appelée fonds diffus cosmologique est apparue dans l'après Big-bang. Il faut noter que ce sont les propriétés de cette lumière qui sont venues confirmer le Big-bang.

Le reliquat de cette lumière emplit jusqu'à ce jour l'univers avec un rayonnement électromagnétique très homogène observé dans toutes les directions du ciel. Cette première lumière n'est pas issue d'un astre, mais d'une grande chaleur dont la température a diminué au fur et à mesure que l'univers a pris de l'expansion.

Quel est cet événement qui a su produire cette grande chaleur et lumière après le Big-bang, à part le Big-bang lui-même ? Aucun. C'est pour dire que l'explication que les scientifiques proposent concernant l'origine du rayonnement fossile est un tâtonnement, car cette lumière n'est pas apparue 380.000 ans après le Big-bang, mais nous disons qu'elle était plutôt réapparue. C'est pour dire que son origine remonte à l'avant Big-bang et serait effectivement le « premier cri de Dieu » selon l'expression du physicien américain Robert A. *Millikan* qui ne savait pas qu'il avait prédit quelque chose de vrai.

En effet, le premier cri de Dieu mentionné dans la Bible est effectivement *« Dieu dit : que la lumière soit et la lumière fut »* (Gn 1 :3). Le physicien américain Robert A. *Millikan* qualifiait le rayonnement fossile de premier cri de l'Univers. Il croyait (et ce, jusqu'à la fin de sa vie) que le rayonnement cosmique était constitué de lumière, d'où le terme rayonnement. (Cfr :https://www.refletsdelaphysique.fr/articles/refdp/pdf/2013/01/refdp201332p8.pdf)

Mais, est-ce que cette lumière (*Dieu dit que la lumière soit et la lumière fut* !) est-elle réellement apparue par un cri magique de Dieu ? Non.

En effet, à partir du deuxième verset biblique, à savoir *« la terre était invisible et vide »* (Gn 1 :2), signifiant l'univers à son début, tout ce qui vient après fait partie de l'évolution physique de l'univers, mais selon le plan de Dieu. D'où les expressions *« Dieu dit, Dieu fit, Dieu créa »* pour démontrer qu'il ne s'agissait pas des conséquences dues au hasard. Donc, les expressions « Dieu dit, Dieu fit, Dieu créa » veulent dire que cela faisait partie du schéma de l'univers dont l'auteur, qui est le savant Moïse, l'a attribué à Dieu. Mais qu'on attribue la manifestation d'un phénomène à Dieu ou au hasard de la nature, cela ne change pas la nature des choses. Ce ne sont que des raccourcis pour dire que les recherches doivent encore être menées.

Pour revenir sur l'apparition du fonds diffus cosmologique, même les astrophysiciens ne parlent pas souvent de son origine mais plutôt de sa réapparition 380.000 ans après le Big-bang. C'est moi qui suis le premier à dévoiler son origine dans mes œuvres. Cette lumière était la conséquence physique du verset biblique qui dit : « L'*esprit de Dieu se mouvait sur les eaux* » (Gn 1 :2).

L'explication scientifique, avons-nous dit, nous la retrouvons dans la théorie des cordes du savant Gabriele Veneziano qui s'annonce ainsi : « L'univers a commencé dans un vide infini (*la terre était invisible et vide, selon la Bible). »* Et, au cours de son évolution, les forces de la nature *(un esprit de Dieu selon la Bible*) ont fusionné les particules *(hydro selon la Bible en hébreu),* jusqu'à aboutir à un effondrement gravitationnel devenant un trou noir (*un abime selon la Bible*).

Tous les scientifiques savent que la contraction de gaz dans l'espace produit de la chaleur et finit par émettre de la lumière. C'est ce que le savant Gabriele Veneziano, dans le Modèle des cordes, a omis de mentionner dans sa théorie, alors que Moïse l'a mentionné dans la Bible par le verset *« Dieu dit que la lumière soit et la lumière fut »* après avoir qualifié la fusion des particules d'eau par un esprit de Dieu. L'apparition de cette lumière démontrant le grand réchauffement durant les processus de contraction des particules dans l'Avant Big-bang. C'est ce grand réchauffement dû à la compression de l'univers et de son contenu qui a fait jaillir la première lumière. Ces processus de contraction et de réchauffement ont continué jusqu'à ce que même la lumière fût confinée dans l'univers qui se condensait comme dans un trou noir.

Il faut noter que c'est après ce processus du jaillissement de la lumière démontrant que l'Univers s'est chauffé en se condensant qu'il y a eu le Big-bang ou le rebond. Mais, avant cela, l'univers s'était condensé à l'extrême où même cette lumière ne pouvait plus échapper.

Après le Big-bang, 380.000 ans plus tard, la même lumière réapparaitra quand l'univers a pris de nouveau de l'expansion. Telle est l'origine du fonds diffus cosmologique ou de la première lumière découverte en 1965 par deux physiciens américains **Arno Allan Penzias** et Robert Woodrow Wilson. Ils furent récompensés du Prix Nobel de la Physique pour avoir découvert, selon le Modèle Cosmologique Universel, l'émergence de la première lumière mentionnée dans la Bible avant le Big-bang ; « *Dieu dit : Que la lumière soit ! Et la lumière fut* » (Gn 1 :3).

Ainsi le rayonnement fossile, appelé aussi le fonds diffus cosmologique, n'est que la réapparition de la « lumière fut ! » biblique, qui était apparue dans l'avant-Big-bang ou au premier jour selon la Bible, et, après son confinement dans l'univers condensé, elle a réapparu 380 000 ans après le Big-bang quand l'univers a de nouveau pris de l'expansion.

4.3. Réapparition de » la lumière fut »

Pour revenir sur l'apparition du fonds diffus cosmologique, même les astrophysiciens ne parlent pas souvent de son origine, mais plutôt de sa réapparition 380.000 ans après le Big Bang. C'est moi qui suis le premier à dévoiler son origine dans mes œuvres. Cette lumière était la conséquence physique du verset biblique qui dit : « L'*esprit de Dieu se mouvait sur les eaux* » (Gen 1 :2).

L'explication scientifique, avons-nous dit, nous la retrouvons dans la théorie des cordes du savant Gabriele Veneziano qui s'annonce ainsi : « L'univers a commencé dans un vide infini (*la terre était invisible et vide, selon la Bible*). » Et, au cours de son évolution, les forces de la nature *(un esprit de Dieu selon la Bible*) ont fusionné les particules *(hydro selon la Bible en hébreu)*, jusqu'à aboutir à un effondrement gravitationnel devenant un trou noir (*un abime selon la Bible*).

Tous les scientifiques savent que la contraction de gaz dans l'espace produit la chaleur et finit par émettre la lumière. C'est ce que le savant Gabriele Veneziano dans le Modèle des cordes a omis de mentionner dans sa théorie, alors que Moïse l'a mentionné dans la Bible par le verset « *Dieu dit que la lumière soit et la lumière fut* », démontrant le grand réchauffement durant les processus de contraction des particules qui a fait jaillir la première lumière. Ces processus de contraction et de réchauffement ont continué jusqu'à ce que même la lumière fût confinée dans l'univers condensé comme dans un trou noir.

Si les ténèbres font partie de l'état naturel de l'univers, mais pour qu'une lumière apparaisse, il faut un soubassement. Moïse, en attribuant à Dieu l'auteur de la Création de l'univers, lui attribuait aussi tous les processus qui se déroulaient d'une manière physique au cours de son évolution.

En principe, cette lumière est apparue quand *« l'esprit de Dieu se mouvait sur les eaux dans l'abîme »* (Gen 1 :2). (En langage scientifique, *« l'esprit de Dieu se mouvait »* veut dire qu'il y avait une contraction des particules (eaux) par une force que l'auteur a attribuée à Dieu). Et, les conséquences furent la montée de la chaleur et, plus tard, l'apparition de la lumière, qualifiée par la phrase biblique : « Dieu dit que la lumière soit, et la lumière fut » (Gen 1 :3). Ainsi, le fond diffus cosmologique n'est que cette lumière divine et celui qui l'a qualifiée de « cri de Dieu » pour se moquer de Dieu se retrouve à la même position que le savant britannique Fred Hoyle qui a qualifié l'atome primitif de Big Bang pour se moquer de cette théorie. Ils ont sans le savoir prédit ce qui est vrai.

Il faut noter que c'est après ce processus du jaillissement de la lumière démontrant que l'Univers s'est chauffé en se condensant qu'il y a eu le Big Bang ou le rebond. Mais, avant cela, l'univers s'était condensé à l'extrême où même cette lumière ne pouvait plus échapper.

Après le Big Bang, 380.000 ans plus tard, la même lumière réapparaitra quand l'univers a pris de nouveau de l'expansion. Telle est l'origine du fonds diffus cosmologique ou de la première lumière. Découverte en 1965 par deux physiciens américains **Arno Allan Penzias** et Robert Woodrow Wilson. Ils furent récompensés du Prix Nobel de la Physique pour avoir découvert, selon le Modèle Cosmologique Universel, l'émergence de la première lumière mentionnée dans la Bible avant le Big Bang ; « *Dieu dit : Que la lumière soit ! Et la lumière fut* » (Gn 1 :3).

4.4. Preuve que le rayonnement fossile est « la lumière fut »

Gn 1 : **3** *Dieu dit : Que la lumière soit ! Et la lumière fut.*

Malgré que tout le monde attribue l'accomplissement de ce verset à la puissance divine suite à l'ignorance de la cosmologie, dans le Modèle Cosmologique Universel, il fait plutôt partie du schéma divin.

En effet, les ténèbres font partie de l'état naturel de l'univers, mais pour qu'une lumière apparaisse, il faut un soubassement. Moïse, en attribuant à Dieu l'auteur de la Création de l'univers, lui attribuait aussi tous les processus qui se déroulaient d'une manière physique au cours de son évolution.

En principe, cette lumière est la conséquence physique de ce qui est survenu quand *« l'esprit de Dieu se mouvait sur les eaux dans l'abîme »* (Gen 1 :2). (En langage scientifique, *« l'esprit de Dieu se mouvait »* veut dire qu'il y avait une contraction des particules (eaux) par une force que l'auteur a attribuée à Dieu.) Et, les conséquences furent la montée de la chaleur et, plus tard, l'apparition de la lumière, qualifiée par la phrase biblique : « Dieu dit que la lumière soit, et la lumière fut » (Gen 1 :3). Ainsi, le fond diffus cosmologique n'est que cette lumière divine décrite dans la Bible.

Le physicien américain Robert A. *Millikan ;* celui qui a qualifié le fond diffus cosmologique de « premier cri de Dieu » pour se moquer de Dieu, se retrouve dans la même position que le savant britannique Fred Hoyle, qui a qualifié l'idée de l'atome primitif de Big Bang pour se moquer de cette théorie. Ils avaient sans le savoir, prédit ce qui est vrai. La théorie de l'atome primitif est devenue la théorie du Big Bang et, bientôt, les scientifiques sauront que l'origine du rayonnement fossile remonte dans l'Avant Big Bang et n'est autre que la lumière biblique à laquelle il est écrit « Dieu dit que la lumière soit et la lumière fut ! ».

C'est l'étude des propriétés de cette lumière, c'est-à-dire du rayonnement fossile, qui est venue confirmer la théorie d'atome primitif ou de Big-bang émise dans les années 1920. Tous les savants qui ont raisonné sur l'existence de la sphère d'avant Big-bang disent que cette lumière devrait aussi en apporter les traces.

Par exemple, le savant britannique Sir Roger Penrose a confirmé sans le savoir la Bible en démontrant dans le diagramme de Minkowski que le rayonnement fossile était d'abord apparue dans l'avant Big-bang comme rayon lumineux incident, et est venue réapparaître dans l'après Big-bang comme rayon lumineux émis, comme on peut le voir dans ce tableau :

<u>*Diagramme conforme de l'espace-temps de Minkowski*</u>

avec nos commentaires sur des flèches :

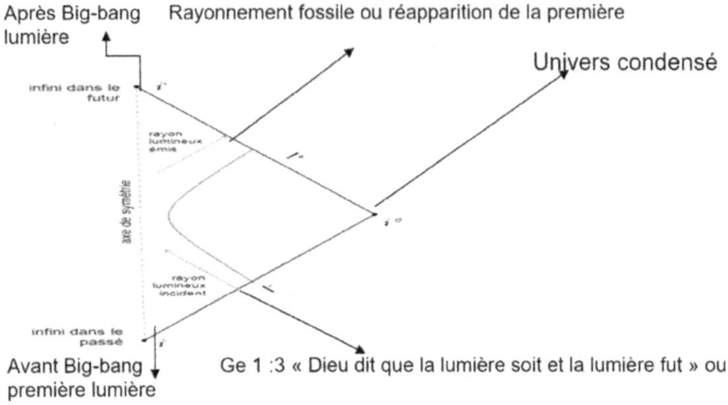

(Diagramme de Penrose : Chaours.rv.pagesperso.orange.fr/physique/Stars/Black/penrose.htm).

Les flèches en rouge marquent l'apparition de la lumière comme rayon lumineux incident dans l'avant Big-bang et sa réapparition dans l'après Big-bang comme rayon lumineux émis, confirmant ainsi le schéma de la Création biblique.

Nous avons découvert que le rayonnement fossile n'est pas constitué des noyaux atomiques, mais des rayons électromagnétiques, démontrant qu'elle fut effectivement une lumière en provenance de l'Avant Big-bang et qu'elle est effectivement cette lumière biblique pour laquelle il est dit : *« Dieu dit : Que la lumière soit ! Et la lumière fut. » (Gn 1 :3).*

Si le fond diffus cosmologique était une lumière qui était apparue à l'après Big-bang, aujourd'hui, il ne laissera peut-être plus de traces comme certaines étoiles de la première génération. Sa température aussi ne serait pas uniforme, d'autant plus qu'à 380.000 ans plus tard, l'Univers avait déjà pris une grande proportion. Il serait peut-être comme « le fond diffus infrarouge » découvert par le satellite Cobe.

En effet, « le fond diffus infrarouge » a été identifié pour la première fois en 1996 par Jean-Loup Puget et son équipe de l'IAS. Baptisé « fond diffus extragalactique infrarouge », il correspond à l'ensemble des émissions de toutes les galaxies depuis leur formation jusqu'à nos jours. (Cfr : CIEL&espace – 02/1999 –P.26 par Azar Khalatbari).

Enfin, le rayonnement fossile, connu bibliquement sous les termes « la lumière fut ! » possède des propriétés qui le rendent différent des autres rayonnements, en protégeant l'univers d'aller en dessous du zéro absolu comme nous pouvons le lire :

« Les physiciens modernes définissent le vide comme ce qui reste quand on a éliminé tout ce qu'il est expérimentalement possible d'enlever d'une partie de l'espace : ainsi le vide est défini par une limite expérimentale. Pour faire le vide, on prélève d'une enceinte toute matière visible, solide liquide ou gazeuse. Quand on a prélevé toute la matière, l'espace n'est toujours pas vide : ***il contient encore un rayonnement électromagnétique.*** *Une partie de ce rayonnement est d'origine thermique, issue du rayonnement des corps matériels, et peut donc être supprimée par refroidissement de l'enceinte contenant le vide, mais l'autre partie du rayonnement est d'origine différente. Quand bien même on réduirait (par la pensée) la température du vide jusqu'au zéro absolu, il subsisterait un ensemble fluctuant d'ondes électromagnétiques. Ce rayonnement résiduel, le rayonnement de point zéro, qu'il est impossible de supprimer, est une caractéristique du vide ».* (cfr ; TIMOTHY BOYER| 01 décembre 2000| POUR LA SCIENCE N° 278|)

En conclusion, le rayonnement fossile n'est pas apparu, mais elle est réapparue. Apparu dans l'Avant Big-bang, il était déjà dans l'univers condensé et a été libéré de nouveau 380.000 ans après le Big-bang. D'où sa température uniforme à tout le coin de l'univers, même dans des régions dont on pense qu'ils n'ont jamais pu se communiquer entre elles, car trop éloignées. Ce rayonnement est la preuve qu'à un passé lointain, toutes les sphères étaient unies.

Pour certains savants, notre univers est issu d'une étoile qui s'est effondrée en formant un trou noir *(abime)*, et que le fond diffus cosmologique *(la première lumière)* serait le vestige de la supernova de cette étoile. Mais, nous découvrons que parmi tous les modèles cosmologiques, il n'y a que le schéma biblique tel que restitué dans le Modèle Cosmologique Universel qui vient d'apporter une explication valable à savoir : cette lumière était la conséquence physique du verset biblique qui dit « *l'esprit de Dieu se mouvait sur les eaux* » (Gen 1 :2). Donc, il n'y avait aucune étoile qui s'était effondrée à l'avant Big-bang.

Dans le livre « Avant Big-bang à la lumière », nous avons développé nos prédictions sur tous les phénomènes qui se sont déroulés de l'Avant Big-bang jusqu'au rayonnement fossile.

Chapitre IX
Le Big Bang

Nous avons dit que la théorie du Big-Bang, approuvée de nos jours par des observations, nous dévoile que notre univers est issu d'un atome primitif ou d'une petite bille très chaude appelée univers condensé et qui a connu une expansion fulgurante appelée inflation cosmique.

Il y a cent ans de cela, le Big-bang faisait partie de la plus grande découverte en cosmologie au XXe siècle, selon le savant britannique Stephen Hawking. Le fait pour moi de découvrir ce phénomène et ce qui s'est passé l'Avant le Big-bang dans la Bible, c'est-à-dire dans les écrits qui nous viennent de l'antiquité, fait désormais partie de la plus grande découverte du XXIe siècle en cosmologie, car cela rectifiera beaucoup de données.

Jusque-là, même les croyants, scientifiques ou non, étaient sceptiques à la théorie du Big-bang. Les savants la brandissaient pour écarter Dieu en tant que Créateur de l'univers. Sa confirmation dans la Bible vient renforcer la foi de tous. Pour les croyants, cela démontre que Dieu est le Créateur de l'univers et cela délie les langues. Ça relance les débats que le savant belge l'abbé G. Lemaitre a étouffés dans l'œuf en interdisant au pape Pie XII de commenter sur sa théorie de l'atome originel.

En effet, en 1951, le pape Pie XII affirme lors d'un discours devant l'Académie pontificale des sciences que *« la vraie science (...), plus elle progresse et plus elle découvre Dieu »*. Il précise même que « la *science a réussi à se faire le témoin de ce « fiat lux initial »*. L'allusion à la nouvelle cosmologie tirée des équations d'Einstein et des travaux de Lemaître sur l'origine de l'univers étant évidente.

Or, pour Lemaître, le parrain de la théorie de l'expansion de l'univers à partir d'un atome primitif, un tel « concordisme » entre vérité révélée et vérité scientifique est préjudiciable pour la science comme pour la religion. Selon Lemaître, on ne peut en aucun cas faire de rapprochement entre les deux domaines parce qu'ils ne se croisent jamais : c'est la doctrine des « deux vérités », surnaturelle par les Écritures et naturelle par la raison scientifique.

Après cette intervention de Lemaître, un an plus tard, lors d'une nouvelle intervention, Pie XII va adopter le point de vue de la séparation des domaines. ***(Cfr :*** *À l'origine du Big-bang : l'abbé Georges Lemaître (l'Humanité : la Science et la religion)*.

Avec l'invention du Modèle Cosmologique Universel, il est presque temps que la science et la religion reviennent ensemble. Par exemple :

– Ce n'est pas la science qui a dévoilé que l'univers était au départ vide, mais la religion (« *la terre était invisible et vide* »). Ge 1 :2 – Bible version Septante.

– Ce n'est pas la science qui a prédit pour la première fois que la planète Terre était suspendue dans le vide, mais la religion à travers le verset suivant :

Jb 26 :7 « L'Éternel étend le septentrion sur le vide, Il suspend la terre sur le néant ».

Ce livre de Job date probablement du 5e siècle avant J.-C., après le retour de l'exil à Babylone. Le septentrion sur le vide, voulant dire que les confins de l'univers ne sont qu'espace, et tout ce qui est matériel est suspendu dans ce vide, tournant autour des différentes orbites.

– Ce n'est pas non plus la science qui a prédit que la terre était ronde, mais la religion, suivant le verset :

Eccl 1 :7 : « Tous les cours d'eau affluent vers la mer, mais la mer n'est pas pleine. Les cours d'eau retournent au lieu d'où ils coulent, afin de couler de nouveau. »

La parole du roi Salomon, plusieurs siècles avant J.-C., affirmait que la terre était ronde avant même que la science vienne la confirmer. La science eut la confirmation que la terre était ronde seulement après le tour du monde réalisé par Fernand de Magellan en 1519, achevé par l'un de ses lieutenants, Elcano. (*Cfr : « exploration géographique » Microsoft® Encarta® 2009 [DVD]. Microsoft Corporation, 2008*).

Section 1
Le phénomène Big Bang dans la Bible

1.1. Origine du mot Big Bang

Président, lundi 27 octobre 2014, l'inauguration solennelle d'un buste de Benoît XVI, au siège de l'Académie pontificale des Sciences, le Pape François a déclaré : *« Le Big-bang, que nous pensons être à l'origine du monde, n'annule pas l'intervention d'un créateur divin. L'évolution dans la nature n'est pas contradictoire avec la notion de création car l'évolution nécessite la Création d'êtres qui évoluent. » (Cfr :* Pierre Jovanovic in https://www.lavie.fr/christianisme/eglise/Big-bang-eacut evolution-pourquoi-leglise-ne-change-pas, Publié le 30/10/2014)

Ce discours du Pape a été condamné par la majorité des chrétiens parce qu'ils ne comprennent pas qu'est-ce que le Big-bang et qu'est-ce que l'évolution. Le pape François avait effectivement raison, car le Big-bang est biblique.

Le Big-bang est un nom qui a été donné au 20e siècle pour une manifestation qui a eu lieu il y a 13,8 millions d'années. Moïse n'a utilisé que le mot « séparation » pour démontrer que la situation était sous contrôle divin. La science utilise le nom « Big-bang » pour démontrer que c'est un cas dû au hasard. Mais la manifestation reste la même. Nous allons revivre succinctement ce film à travers ce chapitre, car nous avons développé ce thème dans le livre « Le Big-bang est biblique, coranique et antique » (éd. Le Livre en Papier).

Je veux vous raconter l'histoire du Big-bang que les scientifiques ignorent. Le savant Moïse l'avait qualifiée au XVe siècle av. JC de « la séparation des eaux d'avec les eaux ». Le philosophe grec Empédocle le qualifia au Ve s. av. JC de la séparation du « Spherus ». Le savant belge, l'abbé Georges LEMAITRE, le qualifia au 20e siècle de l'expansion de l'atome primitif. Pour se moquer de tous ces gens et surtout des religieux, le savant anglais Fred Hoyle qualifia toutes leurs idées de Big-bang en 1950.

Donc, le mot Big-bang a été prononcé par le savant britannique Fred Hoyle en 1950 lors d'un débat à la radio BBC avec Le savant belge, l'abbé Georges LEMAITRE pour se moquer de sa théorie. Pour Fred Hoyle, l'univers n'a pas de commencement et n'aura pas de fin. Alors, pour se moquer des astrophysiciens qui disaient que l'univers a commencé comme un grain et a connu une expansion, il leur posa la question : « Voulez-vous dire que l'univers a connu un Big-bang ? » Depuis lors, ce mot est resté célèbre jusqu'à être coulé en tant que théorie valable concernant le début de l'Univers.

De nos jours, les observations et les preuves scientifiques ne font que confirmer cela, c'est-à-dire que notre univers a bel et bien commencé comme un grain et a connu une expansion fulgurante, qualifiée à ce jour de Big-bang.

Cette hypothèse d'un univers ayant pour origine le Big-Bang, a divisé la science et la religion pendant un siècle. Les théories du Modèle Cosmologique Universel vont maintenant unir les deux branches. Pour moi, ça fait partie de mes plus grandes découvertes que j'ai faites dans la Bible en 2012. Jamais je ne m'attendais à ce que le phénomène Big Bang puisse être biblique. C'est enseigner dans aucun enseignement, et avant moi, personne n'avait émis cela comme hypothèse.

Lui-même, l'abbé belge, le physicien Georges Lemaitre, le parrain de l'atome primitif en expansion, qui deviendra la théorie du Big-bang, a dit que ses idées n'avaient rien à voir avec la Bible. Pourtant, il y avait trois personnalités qui ont vu que cette idée était proche du créationnisme. Il s'agit du grand savant Albert Einstein, du savant britannique Fred Hoyle et du Pape Pie XII (Cfr : le Pape Pie XII ET LE BIG-BANG ; Wikipédia).

En félicitant l'abbé belge Georges Lemaitre pour sa théorie, ce dernier a demandé au Pape de ne pas se mêler de la science, tout en lui rappelant que sa découverte était purement scientifique et n'avait rien à voir avec la religion. Mais, à ce jour, moi, je félicite le pape Pie XII d'avoir vu l'inspiration divine dans cette découverte, car la notion d'atome primitif' d'abbé belge Georges Lemaitre est bel et bien biblique. C'est après avoir découvert cela dans la Bible que j'ai eu l'inspiration de consacrer ma vie à la recherche dans la cosmologie en vivant dans un pays où ce domaine ne dit rien à personne. Voilà où résident toutes mes difficultés pour la recherche et la vulgarisation.

- **Contenus scientifiques de l'univers avant la séparation des eaux d'avec les ou avant le Big-bang**

Comment était l'état de l'univers condensé avant que ne survienne la séparation des eaux d'avec les eaux ou Big Bang ? Nous allons nous référer aux recherches des frères Igor et Grichka Bogdanov :

« Les physiciens n'ont pas la moindre idée de ce qui pourrait expliquer l'apparition de l'Univers. » Ils peuvent remonter jusqu'à 1043 secondes, mais pas au-delà. Ils se heurtent alors au fameux Mur de Planck.

On ne peut décrire que ce qui a eu lieu après le Big Bang ou la séparation des eaux d'avec les eaux.

En effet, au premier instant du Big Bang, l'univers avait une température terrifiante de 10^{32} degrés. La Bible en avait parlé en évoquant l'apparition de la lumière avant le Big Bang ou la séparation des eaux d'avec les eaux. C'est avec les interactions qui se déroulaient pendant que « les eaux », selon la Bible, se condensaient (l'esprit de Dieu se mouvait sur les eaux), qu'il y a eu l'augmentation terrifiante de la température, se transformant en chaleur jusqu'à produire de la lumière à laquelle il était écrit : « Dieu dit que la lumière soit ! Et la lumière fut. Cette lumière n'est que l'émanation des conséquences physiques qui se passaient dans l'univers pendant qu'il se contractait.

En plus, il y a aussi l'énergie : 10 gigaélectronvolts. Un chiffre banal, mais à l'intérieur, c'est une énergie tellement colossale. C'est l'énergie de l'univers tout entier. Enfin, toujours selon les recherches de Igor et Grichka Bogdanov, au moment où l'univers était comprimé à la taille d'un cube d'un centimètre avant son expansion et sa séparation d'eaux d'avec les eaux selon la Bible, il pesait déjà 1075 tonnes. (cfr. Igor et Gricka Bogdanov : *Avant le Big Bang, éd. Grasset, Paris 2004, P. 167)*

Cette énergie énigmatique qui a provoqué l'expansion de l'univers, la Bible en avait déjà parlé à travers le verset « l'esprit de Dieu ». Dans l'Avant Big Bang, il a contracté l'univers jusqu'à sa complète condensation, et dans l'après Big Bang, soit après le rebond ou la séparation des eaux d'avec les eaux selon les termes bibliques, à ces jours, cette énergie énigmatique est connue sous le nom d'énergie noire. Donc, quand la science ou les savants parlent de l'énergie noire, ce n'est que cette énergie que Moïse avait qualifiée de « l'esprit de Dieu » selon la Bible Louis Segond et d'un vent de Dieu selon la Bible Jérusalem.

Comme on le voit, tout ce que la science découvre dans la cosmologie, la Bible en avait déjà parlé. Tout ce que la Bible a attribué directement comme acte dû à l'intervention divine, même jusqu'à ces jours, reste énigmatique pour la science.

Dans notre livre « Les énigmes de l'univers résolues dans le Modèle Cosmologique Universel », nous expliquons comment le rebond de l'univers a eu lieu, suite aux différentes interactions, dont Moïse lui-même a eu de nombreuses difficultés à expliquer cela, en parlant de jour pour la lumière et de nuit pour les ténèbres.

1.3. Le Big Bang est biblique

Le schéma de la Création biblique contient beaucoup de mystères et de paraboles. Si je suis arrivé à percer quelques-uns, cela est dû suite à ma connaissance élémentaire de l'astrothéologie. Nier à ce jour qu'il n'y a pas eu Big-bang, c'est comme nier que l'air n'existe pas. Le Big-bang a bel et bien eu lieu et fait effectivement partie de l'évolution de l'univers.

Le cycle de l'univers connaît trois grandes phases et c'est moi qui l'affirme. Il s'agit de :

– l'avant Big-bang caractérisé par une contraction des énergies jusqu'à atteindre un point de concentration minimal.

– Ce point de concentration minimal constitue la deuxième phase appelée l'univers condensé, ressemblant à un atome primitif ou à un grain pour ceux qui n'ont pas des notions de chimie. Personne ne peut en dire la dimension avec exactitude. Et cet atome a connu une expansion jusqu'à ce jour dont le début fut qualifié de Big-bang.

– Cette expansion constitue la troisième phase appelée l'Après Big-bang. Le Big-bang est associé à la deuxième phase, car ce fut une phase de transit entre l'avant Big-bang et l'après Big-bang.

Dans mes recherches, j'ai découvert que ce schéma qui est reconnu de nos jours par la majorité des savants confirme plutôt la Bible, dont l'histoire de la Création a été écrite il y a de cela 1500 ans avant Jésus-Christ.

Où pouvons-nous retrouver ce phénomène physique dans le schéma biblique de la Création ? Il y a trois grands versets qui résument tout le schéma de l'univers :

1) Gn 1 : **2** *La terre était invisible et vide : il y avait des ténèbres à la surface de l'abîme, et l'esprit de Dieu se mouvait au-dessus des eaux.* **(Avant Big-bang – Bible version Septante). La terre signifiant l'univers**.

2) Gn 1 :*6 Dieu dit : Qu'il y ait une étendue entre les eaux* **(matière contenue dans l'Univers condensé)**, *et qu'elle sépare les eaux d'avec les eaux. 7 Et Dieu fit l'étendue, et il sépara les eaux qui sont au-dessous de l'étendue d'avec les eaux qui sont au-dessus de l'étendue. Et cela fut ainsi*. **(Big-bang)**

3) Gn 1 :**9** *Dieu dit : Que les eaux qui sont au-dessous du ciel* **(de l'étendue)** *se rassemblent en un seul lieu, et que le sec paraisse. Et cela fut ainsi.* ***10*** *Dieu appela le sec terre, et il appela l'amas des eaux mers. Dieu vit que cela était bon.* **(Ici, il s'agit de la formation de la planète Terre dans l'Après Big-bang)**.

4) Gn 1 : **14** *Dieu dit :* **(avec les eaux du dessus)** *Qu'il y ait des luminaires dans l'étendue du ciel, pour séparer le jour d'avec la nuit ; que ce soient des signes pour marquer les époques, les jours et les années ;* ***15*** *et qu'ils servent de luminaires dans l'étendue du ciel, pour éclairer la terre. Et cela fut ainsi.* **(Après Big-bang)**.

Qu'est-ce qui nous prouve que la séparation des eaux d'avec les eaux (hydro) est effectivement le Big-bang dont les savants brandissaient pour éloigner Dieu en tant que Créateur ?

1.3.1 Preuves que le Big Bang est « la séparation des eaux d'avec les eaux » biblique

L'une des preuves du Big-bang scientifique que les communs de mortel peuvent comprendre est qu'on retrouve les mêmes matières dans tout l'univers, démontrant que tout est issu d'une même source, à savoir l'Univers condensé. L'hydro est omniprésent partout. Et, dans la Bible en hébreu, nous avons dit que Moïse a parlé de l'hydro à la place des eaux dans le verset « Un vent de Dieu se mouvant sur les eaux **(l'hydro)** ».

Et, dans le verset « la séparation des eaux d'avec les eaux » (Gn 1 :6-7), si nous utilisons le mot d'origine en hébreu, ça sera « la séparation de l'hydro d'avec l'hydro » ou Big-bang. Avec l'hydro du dessous, la terre se forma et avec l'hydro du dessus, les luminaires furent créés. C'est pour cela que la Terre et tous les astres sont formés à partir du même élément qui est l'hydrogène.

Nous avons aussi dit que c'est pour rendre la compréhension facile qu'on a traduit le mot utilisé par Moïse « hydro » par « eaux », car le mot grec original est ὕδωρ *(hudôr)* qui signifie hydro (cfr : eau ; wikipedia), c'est-à-dire quelque chose lié à l'eau.

Scientifiquement, selon la nucléosynthèse, toute la Création après le Big-bang est issue de l'hydro, que Lavoisier a qualifié de l'hydrogène, confirmant ainsi la Bible, sans le savoir. Cela fait aussi partie des observations.

Dans le schéma biblique de la Création contenu dans le livre de la Genèse, l'auteur n'avait pas notre vocabulaire scientifique. On nous dit dans la première phase que « *l'esprit de Dieu ou un vent de Dieu se mouvait sur les eaux* », qui scientifiquement fut l'étape de la contraction des énergies. Après que cela fut contracté jusqu'à un point minimal, on passa à la deuxième phase qui fut la séparation des eaux d'avec les eaux, c'est-à-dire le Big-bang.

Ce n'est pas un jeu de vocabulaire ou d'association des mots. C'est effectivement ça, les phases que l'univers a traversées. Après, la séparation « des eaux d'avec les eaux » fut suivie de l'expansion de l'univers que la Bible appelle étendue. C'est la troisième phase qui est celle de l'après « séparation des eaux d'avec les eaux » ou de l'après Big-bang.

En conclusion, le Big-bang est bel et bien biblique, et c'est un phénomène qui a eu lieu à la seconde période sans avoir un rapport avec la Création de l'Univers.

Voilà comment je suis la première personne à convaincre toute l'humanité, croyants ou pas, que le Big Bang n'est pas seulement une théorie, mais un événement qui s'est réellement déroulé dans l'évolution de l'univers et qui est aussi décrit dans la Bible, la Torah et le Coran.

Même si on me traite de faire du concordisme, c'est une vérité à laquelle aucun savant ne peut nier. Par conséquent, un concordisme qui est reconnu comme vérité n'est plus du concordisme.

1.3.2. Preuve biblique que l'univers a connu le Big Bang

Les gens veulent me demander la preuve observationnelle qui prouve que le Big-bang est biblique. La Bible dit qu'avec les eaux du dessous « la Terre émergea » et avec les eaux du dessus, les luminaires furent créés, prouvant qu'on avait affaire à une masse unie appelée eaux.

Et, de nos jours, les scientifiques nous confirment que ce soit la terre (formée par les eaux du dessous) et les luminaires (formés par les eaux du dessus), tous sont composés des mêmes éléments par ce qu'ils sont issus de la même masse que la Bible qualifie des eaux. La différence ne réside qu'autour de leurs états : solide, liquide et gazeux pour la Terre et certaines planètes, gazeux et poussiéreux pour certaines planètes et nébuleuses, fluide et plasma pour le Soleil et d'autres étoiles.

Dans les versets suivants :

***Gn 1 :14** Dieu dit : Qu'il y ait des luminaires dans l'étendue du ciel, pour séparer le jour d'avec la nuit ; que ce soient des signes pour marquer les époques, les jours et les années ;* ***15** et qu'ils servent de luminaires dans l'étendue du ciel, pour éclairer la terre. Et cela fut ainsi.* ***16** Dieu fit les deux grands luminaires, le plus grand luminaire pour présider au jour, et le plus petit luminaire pour présider à la nuit ; il fit aussi les étoiles.*

Pourquoi l'auteur a-t-il précisé *« Il fit aussi les étoiles »* ? Parce que tous les luminaires que nous voyons dans le ciel ne sont pas tous des étoiles. Il y a aussi ce qu'on appelle **les objets ou des astres diffusants**. Ce sont des corps qui ne produisent pas de lumière, mais qui renvoient la lumière reçue. On dit que ces corps diffusent la lumière. C'est le cas des planètes.

La diffusion est un phénomène au cours duquel un corps commence par recevoir de la lumière, puis renvoie toute ou une partie de cette lumière dans toutes les directions. Un objet diffusant n'est donc pas une source de lumière parce qu'il est lui-même éclairé par une source primaire ou par un autre objet diffusant.

La Lune, éclairée par le Soleil, ainsi que les autres planètes du système solaire, sont des objets diffusants tout comme un écran de cinéma éclairé par un projecteur. En fait, tous les objets (et les personnes) qui nous entourent sont des objets diffusant, car ils diffusent la lumière des lampes ou celle du Soleil.

Qui peut encore dire à ce jour que l'auteur du schéma de la création contenue dans le livre de la Genèse dans la Bible ne savait pas ce qu'il disait ou ne comprenait rien sur le schéma de l'univers ?

En conclusion, le premier jour biblique regroupe les phénomènes qui ont eu lieu dans l'avant Big-bang jusqu'à l'univers condensé. Dans le deuxième jour biblique, on entre dans la phase du Big-bang. Et le troisième jour biblique marque le début de l'après Big-bang jusqu'à la formation de l'homme. Donc, rien de ce que les scientifiques ont découvert jusqu'à ces jours ne contredit le schéma de la Création biblique.

Je suis le premier à faire cette affirmation ou ces découvertes, qui seront développées dans d'autres livres. Je suis aussi le premier à convaincre le monde entier avec une simple preuve observationnelle tirée de la Bible que le Big Bang est un fait réel et qu'à dater de ce jour, il ne peut plus seulement être considéré comme une théorie. Que me vaut cette reconnaissance de la part de l'Union Astronomique internationale d'être le premier à convaincre toute l'humanité que le Big Bang est un fait réel ?

1.4. Le Big Bang fut un rebond

Gen 1 :6-7 *Dieu dit : Qu'il y ait une étendue entre les eaux, et qu'elle sépare les eaux d'avec les eaux. 7 Et Dieu fit l'étendue, et il sépara les eaux qui sont au-dessous de l'étendue d'avec les eaux qui sont au-dessus de l'étendue. Et cela fut ainsi.* ***8*** *Dieu appela l'étendue ciel. Ainsi, il y eut un soir, et il y eut un matin : ce fut le second jour.*

Bibliquement, le Big-bang connue sous le nom de la « *séparation des eaux d'avec les eaux* », fut un rebond et non le commencement de l'univers comme le prétendent certains scientifiques. Moi-même j'étais surpris de découvrir que ce phénomène a eu lieu à la seconde étape ou second jour dans la Bible. Par-là, nous pouvons déduire que le Big-bang fut un rebond. Ma déduction vient de la Bible et non à partir des travaux de certains savants tels que le physicien allemand Martin Bojowald.

Donc, selon le Modèle Cosmologique Universel comme nous venons de le lire, le Big-bang n'est pas le commencement de l'univers, mais un rebond. Plusieurs sites scientifiques l'attestent déjà comme on peut lire dans cette citation : « *Le chronomètre de l'Univers n'a pas de Zéro. Impossible pour les physiciens de remonter jusqu'à l'ultime instant de l'explosion primordiale, au temps t=0. La première image du Big-Bang est introuvable.* » (Cfr http://www.cite-sciences.fr).

Ceci témoigne que le Big-bang n'est pqs l'origine de l'univers. Quant à l'origine de l'univers, elle est issue d'un vide infini avant que les particules commencent à se fusionner, comme l'a affirmé le physicien italien Gabriele Veneziano. La religion n'intervient que pour dire que ces premières particules viennent de Dieu. Étant donné que ce Dieu est invisible, nous ne pouvons prouver cela qu'en étudiant les propriétés de ces premières particules, issues des caractéristiques duelles de Dieu. C'est ce qui est démontré dans le Principe de la Création, branche du principe divin du Rév. Dr. Sun Myung Moon.

En effet, l'univers, qui est issu d'un vide infini comme l'a souligné le physicien italien Gabriele Veneziano, a connu ensuite une phase contractive selon le physicien américain Sean Carroll. En se contractant, la température ne faisait qu'augmenter jusqu'à faire jaillir la lumière connue bibliquement sous les termes « Que la lumière soit et la lumière fut ! » L'univers ayant atteint une condensation extrême, même cette lumière ne put s'échapper. C'est par là qu'il a connu le rebond, qualifié de Big-bang, suivi de l'inflation et de la réapparition 380.000 ans après de ladite lumière connue à ces jours sous le nom du rayonnement fossile ou fonds diffus cosmologique.

En conclusion, c'est vers les années 1920 que l'abbé belge Georges Lemaitre a émis la théorie de l'atome primitif qui deviendra la théorie du Big-bang. Il a ensuite nié catégoriquement que ce n'était pas une inspiration divine. Mais, 100 ans après, nous venons de faire la plus grande découverte qui démontre que le phénomène Big-bang est réellement biblique et cela a inspiré l'abbé belge Georges Lemaitre. Quel est l'impact de cette découverte dans la théologie, dans la science et dans la philosophie ? C'est ce qui va faire l'objet de notre prochaine section.

Section 2
Preuves de la rationalité du schéma biblique de la Création

2.1. La découverte de la sphère de l'avant Big Bang

À travers les preuves de la rationalité du schéma biblique de la Création, je revendique d'être la première personne à découvrir la sphère de l'Avant Big-bang comme un archéologue peut revendiquer d'avoir découvert le secret d'un fossile ou l'histoire d'une civilisation à partir des papyrus. Qui, a la science maintenant d'y mettre les moyens pour découvrir les traces physiques.

Pour reconstituer l'histoire d'un lieu, les archéologues se servent des indices. Par exemple, aujourd'hui, on est en train de chercher des indices pour voir s'il y avait de l'eau et de la vie sur la planète Mars.

Quand dans un lieu désertique, on trouve par exemple la présence des coquilles et que ces dernières ne vivent que dans les endroits humides, on déduit qu'il y avait de l'eau dans ce milieu. La datation de ces coquilles va permettre désormais de comprendre à quelle époque l'endroit a connu la présence de l'eau. Il en est de même si on rencontre des vases. Leurs constitutions peuvent dévoiler l'état d'avancement de la civilisation qui y résidait.

Le schéma biblique de la Création nous vient de l'antiquité, dont les écritures étaient basées sur des symboles et des signes. Les traducteurs ont mis des conjonctions pour rendre leurs textes compréhensibles. Mais cela ne signifie pas qu'on a percé le secret ou les mystères de ce schéma. La compréhension d'un ancien texte a plutôt pour rôle d'aider à percher le secret qui s'y cache à l'intérieur en découvrant ce qu'a voulu dire son auteur. Pour mieux reconstituer effectivement ce qu'a voulu dire l'auteur, comprendre sa pensée, il faut, comme dans un lieu désertique, se servir des indices.

L'histoire de la Création de l'origine à l'homme est une histoire évolutive. Aucun verset ne peut être indépendant de l'autre, malgré les assertions « Dieu dit, Dieu fut, Dieu créa ». La situation du départ doit connaitre une évolution logique une fois qu'on avance dans la lecture afin que ça rejoigne une découverte scientifique, comme l'a affirmé le philosophe Thomas Kuhn. C'est comme quand on prépare une nourriture et qu'on veut relater ce qui se passe à partir du commencement jusqu'à la fin de la cuisson. On ne peut brûler les étapes. Il en est de même pour le schéma biblique de la Création, dont l'auteur l'a divisé en six grandes étapes graduelles appelées six jours.

Nous allons voir que même les versets démontrant une apparition simultanée des choses et des créatures ont eu leur accomplissement à partir des situations qui sont décrites dans les versets antérieurs (précédents).

Par exemple, dans le verset : « Que la lumière soit » (Gn1 :3), pourquoi dès le commencement cette phrase n'avait pas été prononcée afin que Dieu travaille dans la lumière ? Tout simplement parce qu'une lumière n'apparait qu'avec un soubassement. Et le soubassement pour cette apparition, c'est ce qui se passait dans les versets précédents.

Revenons à notre matière. Nous avons dit que l'histoire de la Création étant écrite dans l'antiquité sur des papyrus, pour mieux connaitre la pensée de l'auteur, il faut se servir des grands indices.

Il est dit : « *Au commencement, Dieu créa le ciel et la terre, mais cette* ***terre fut informe et vide*** » (version Louis Segond). Une chose qui est informe et vide, c'est comme un gaz dont on peut sentir et qu'on ne peut voir, et par conséquent, on ne peut lui attribuer une forme. Le terme univers n'ayant pas cours dans l'antiquité, Ici, l'auteur veut nous dire qu'au départ qu'il n'y avait qu'une sphère vide, malgré que le mot terre démontre qu'il y avait de la matière, mais que ces dernières étaient invisibles.

En effet, selon la science, le vide – vide ou le vide absolu – n'existe pas, il y a toujours de l'énergie. En **physique quantique**, le vide est défini comme « *un état dans lequel tous les champs ont une énergie minimale* ». Le vide est donc plein d'énergie, c'est ce que l'on appelle **le vide quantique**. Cela signifie qu'en physique quantique, le « rien » n'existe pas. Une absence de matière peut donc être envisagée théoriquement (quant à la pratique, c'est impensable), mais une absence d'énergie est totalement exclue dans les théories modernes de la physique. Le simple fait d'avoir un champ électromagnétique montre bien que même un espace dépourvu de matière n'est pas vide. À ce moment-là, on parle du vide quantique. (Cfr : https ://lasciencepourtous.cafe-sciences.org/articles/le-vide/).

Cette force du vide tire son nom du physicien néerlandais *Hendrik Casimir* (1909-2000) qui l'avait prédite en 1948 et qui fut observée 10 ans plus tard en laboratoire.

La prédiction de Casimir (le physicien) était la suivante : « *Si on place parallèlement 2 plaques conductrices non chargées dans le vide à une faible distance l'une de l'autre, une force tend à rapprocher les 2 plaques* ». Cet effet est directement lié aux énergies du vide quantique et a été observé un grand nombre de fois en laboratoire. Comme quoi le vide n'est jamais vide !

Ainsi, dans le verset « *Un esprit de Dieu se mouvait sur les eaux* », on avait affaire à des phénomènes physiques qui étaient invisibles, mais qui se passaient dans un univers vide.

Le deuxième grand indice pour reconstituer cette histoire du premier jour de la Création, c'est la présence de la **lumière**. Nous avons dit que pour qu'une lumière apparaisse d'une manière physique, il faut un soubassement, tout comme la présence des vases ou des coquilles dans un lieu permet de reconstituer le passé d'un lieu.

Selon la physique, la lumière est une forme d'énergie issue de deux composantes : une onde électromagnétique ondulatoire et un aspect corpusculaire (les photons). En langage courant, nous pouvons dire qu'une lumière ne peut sortir que là où il y a eu réchauffement de la matière. L'augmentation de la température de cette matière permet le dégagement de la lumière. C'est le cas du Soleil par exemple, où la température de la matière dans son noyau doit dépasser 10 millions de degrés pour engendrer des réactions nucléaires et nous envoyer la lumière. Ici, nous ne parlons pas de toutes les sources des lumières, mais nous sommes dans un cadre très précis qui est la cosmologie.

Ainsi, en disant *« Dieu dit que la lumière soit »*, c'était une façon pour l'auteur de dire que ce n'était pas une lumière qui était apparue au hasard, mais qu'il y avait quelqu'un qui avait le contrôle de la situation qu'il appela Dieu. C'est comme quand on dit *« Un tel est en train de faire bouillir l'eau »*. Mais cette eau est en train de bouillir suite à une certaine combinaison des phénomènes physiques, notamment la présence de la chaleur ou du feu.

Entre un univers vide au départ, et la présence de la lumière après, cela nous permet de reconstituer ce qui s'est passé entre les deux évènements dans le schéma biblique de la Création. Du point de vue physique, avais-je dit, pour qu'il y ait une lumière, quelque chose devrait avoir d'abord chauffé. Cela nous permet de revenir aux précédents versets.

Pour qu'il puisse avoir la lumière, on nous dit qu'un « *esprit de Dieu se mouvait dans l'eau* ». Ce verset nous démontre qu'il y avait une intense activité avant qu'on aboutisse à l'émission de la lumière. L'eau courante d'elle-même ne peut émettre de la lumière sauf si on la fait subir le craquage, c'est-à-dire la séparation entre l'hydrogène et l'oxygène et on procède après au réchauffement de l'hydrogène seul.

Mais, dans ce verset, nous voyons que la lumière a été émise après le phénomène qui dit : « *Un esprit de Dieu se mouvait dans l'eau* ». Par-là, on comprend directement que cette eau ne représente pas l'eau courante, mais qu'il s'agissait d'une matière qui subissait une forte pression énergétique. Et nous avons dit au départ qu'une terre informe et vide signifiait un univers vide, mais rempli de l'énergie et des particules. C'est cette énergie que l'auteur désigne par les termes « *un esprit de Dieu* » dans la version Louis Segond et « un vent de Dieu » dans la Bible de Jérusalem. Ceci, en se mouvant sur une matière que l'auteur qualifie des « eaux », a fait germer la lumière.

Pour que la lumière soit émise, cette matière a dû passer d'abord par un grand réchauffement. C'est ce que d'autres astrophysiciens disent qu'il y avait une étoile qui s'était effondrée avant le Big-bang. Mais, ici, je suis en train d'expliquer comment la situation s'est réellement passée durant cette période d'avant Big-bang.

Toujours selon la physique, pour qu'il puisse y avoir réchauffement de la matière dont la Bible qualifie des eaux dans l'espace, celle-ci doit être confinée. Tous ces principes nous aident à comprendre et à restituer le schéma biblique de la Création que les gens ont voulu qualifier de contes de fée, car personne ne l'a jamais bien expliqué. Ainsi, dans le verset « *Un esprit de Dieu ou un vent de Dieu se mouvant sur les eaux* », cela veut dire qu'il y avait un courant gravitationnel qui s'exerçait sur la matière primitive.

En effet, en astronomie, un **effondrement gravitationnel** est la contraction d'un corps massif sous l'effet de sa propre attraction gravitationnelle. Cette attraction gravitationnelle, qui est une énergie invisible, est qualifiée de « *l'esprit de Dieu* » dans la Bible. Tandis que les particules sont désignées bibliquement par les eaux.

C'est en effet par l'effondrement gravitationnel d'une masse de gaz que se forment les étoiles. Au cours de ces processus, le gaz subit alors une force de compression et prend une couleur opaque se transformant en nuage moléculaire. L'énergie gravitationnelle se transforme en énergie thermique qui stabilise la taille du nuage. Une boule de gaz se comprime au centre du nuage et le nuage devient une protoétoile. Cette protoétoile émet de la lumière.

Avant le Big-bang, ces processus s'exerçaient sur les particules et ont eu pour conséquence l'émergence de la lumière. D'où le verset : « *Que la lumière soit ! Et la lumière fut* ».

Arrivé dans cette étape, je m'étais réellement demandé si ma déduction était scientifique. Quel ne fut pas mon soulagement en découvrant cet article qui nous démontre qu'effectivement, l'effondrement des particules peut produire la lumière, tout en creusant le tissu de l'espace. Lisons :

« Sur le papier, les étoiles à quarks existent. La matière de ces astres bien plus dense que les étoiles à neutrons sont brisées par leur gravité intense. ***Elle n'est plus alors constituée que par les particules élémentaires des neutrons*** *: les quarks. En 2002, les astronomes pensaient avoir enfin débusqué une étoile à quarks : RXJ1856. CONTRAIREMENT aux autres étoiles à neutrons (ou pulsars) qui émettent un rayonnement radio par pulsation régulières, elle émettait des rayons X et ne pulsait pas. De plus, elle concentre 1,4 fois la masse du Soleil dans moins de 10 km de diamètre »*. (cfr : Magazine CIEL&espace n° 444 – Mai 2007 P.19 : La fausse étoile à quarks).

Même si certains disent qu'il est inutile de connaitre ce qui s'est passé dans l'Avant Big-bang, car c'est non reproductible, mais cet astre issu de l'après Big-bang témoigne d'une situation similaire qui a lieu dans une période antérieure.

rxj1856 – Recherche Images (bing.com)

Cette étoile qui n'est constituée que des particules est venue confirmer le schéma d'avant Big-bang selon le Modèle Cosmologique Universel. Cette fausse étoile n'est que l'effondrement des particules et leur fusion en une masse dégageant la lumière. Ceci témoigne du fondement des versets bibliques :

Gn 1 :*2-3 La terre (l'univers) était invisible et vide : il y avait des ténèbres à la surface de l'abîme, et l'esprit de Dieu se mouvait au-dessus des eaux (particules primitives).* **3** *Dieu dit : Que la lumière soit ! Et la lumière fut.*

La lumière ne pouvait se produire qu'après une grande contraction de la matière. Cette contraction a eu aussi pour conséquence de provoquer un effondrement dans le tissu de l'espace, créant ce que la Bible qualifie d'un abîme par le verset : « *Il y avait les ténèbres dans la surface de l'**abîme*** ». Ainsi, nous voyons qu'il n'y a aucun terme qui a été utilisé au hasard dans le schéma biblique de la Création. Tout a suivi un processus physique que nous sommes en train de reconstituer au premier jour, soit à l'avant du Big-bang.

L'abîme est défini dans le glossaire de Free Bible comme un trou où se déroulent des événements ou des phénomènes inconnus à l'intérieur et que rien ne peut y échapper une fois tombée ou entrée dedans. Les astrophysiciens se retrouvent à travers cette définition et savent qu'il s'agit de ce que la science qualifie à ce jour des trous noirs. Il n'existe pas encore de théorie physique ou des preuves observationnelles décrivant ce qui se passe ou se produit à l'intérieur d'un trou noir (abime selon la Bible).

En effet, les équations de la relativité générale, en ignorant les autres théories physiques, prédisent la formation d'une singularité gravitationnelle. La mécanique quantique, en revanche, interdit qu'une forme de matière se contracte en deçà de sa longueur d'onde. La théorie des cordes, qui tente l'union des deux théories, ne peut encore être testée.

2.2. Pas de corps massif dans l'Avant Big Bang

Une étoile, à la fin de sa vie, quand toutes les sources d'énergies ont été épuisées, s'effondre pour devenir un objet compact, c'est-à-dire un trou noir, dont la physique interne reste inconnue ; ce qui répond aussi à la définition de l'abîme. Voilà pourquoi certains astrophysiciens n'hésitent pas à dire qu'avant le Big-bang, il y avait une étoile qui s'était effondrée, formant un trou auquel notre univers est issu.

Malgré qu'ils fussent proches de la vérité, ici, je suis en train de corriger cette pensée en disant qu'il n'y avait pas une étoile qui s'était effondrée avant le Big-bang. C'est le réchauffement de la matière primitive décrit par le verset *« L'esprit de Dieu se mouvant dans l'eau »* et sa contraction, c'est ce qui a provoqué la première déformation du tissu de l'espace qualifié d'abîme dans la Bible, jusqu'à faire jaillir la première lumière.

Et, comme on le sait, les trous noirs sont invisibles dans le ciel et ne sont repérés qu'à travers les mouvements des étoiles qui gravitent tout aux alentours. Ils répondent effectivement à la description biblique, à savoir, « Ils ont les ténèbres à la surface des trous ». Dans l'antiquité, la description biblique du trou noir primordial était " Il y avait les ténèbres dans la surface de l'abîme" (Gn 1 :2)

Si le schéma biblique de la Création a été écrit après toutes ces découvertes scientifiques de nos jours, on aurait dit que son auteur a triché dans la science, qu'il a étudié la cosmologie. Mais ce récit a été écrit 1500 ans avant J.C. avec des termes de l'époque, c'est-à-dire « esprit à la place de l'énergie », « eau à la place des particules », « abîme à la place du trou noir ou de la première déformation du tissu de l'espace » et « lumière à la place du rayonnement ».

Ici, nous avons seulement reconstitué ce qui s'est passé physiquement le premier jour biblique ou la période d'avant Big-bang en allant de l'origine de l'Univers jusqu'au jaillissement de la lumière. C'est cette lumière qui a démontré effectivement que la matière primitive d'Avant Big-bang était en train de se réchauffer et c'est ce qui fait que les astrophysiciens nous disent que lors du Big-bang la température de l'Univers frôlait 15^{10} °C.

Ainsi, nous venons d'enlever l'énigme pour les scientifiques de la provenance de cette élévation de température sur l'analyse du schéma biblique de la Création restitué dans le « Modèle Cosmologique Universel ».

C'est l'émergence de cette lumière apparue dans l'Avant Big-bang et réapparue dans l'après Big-bang et qui est connue actuellement sous le nom du rayonnement fossile découvert en 1965, qui a clôturé la période d'avant Big-bang.

Pour plus de précisions aux astrophysiciens qui ont grandement ouvert leurs yeux en lisant ce paragraphe, nous leur disons que l'effondrement gravitationnel ayant provoqué un abîme a atteint une condensation extrême que même cette lumière ne pouvait plus s'échapper. Elle ne le fut que 380.000 ans plus tard après le Big-bang quand l'Univers a connu de nouveau une expansion et est connue à ces jours sous le nom du rayonnement fossile ou fonds diffus cosmologique.

2.2. Le schéma biblique de la Création est cosmologique.

Tout ce que nous venons d'éclaircir dans les deux premiers jours bibliques, soit de l'Avant Big-bang au Big-bang fait passer le schéma biblique de la Création de la cosmogonie à la cosmologie. Il en est de même de la découverte du rayonnement fossile et du Big-bang dans la Bible, dont je demande aux scientifiques, notamment à l'Union Astronomique Internationale, de juger ma pensée sur ces découvertes et de se prononcer publiquement.

En effet, le fait de démontrer que le Big-bang est biblique, répond à un débat vieux de cent ans par rapport à la publication de ce livre ; à savoir si le Big-bang était biblique ou pas. En plus, le Modèle Cosmologique Universel vient encore d'enrichir ce débat en révélant que même le rayonnement fossile aussi est biblique. Ainsi, le schéma de la Création biblique, tel que restitué dans le Modèle Cosmologique Universel, s'avère être à ce jour un modèle cosmologique complet.

De ce fait, le schéma biblique de la création quitte le rang de la cosmogonie pour rejoindre la cosmologie et fera désormais l'objet d'études en astrophysique et l'objet des cours dans les facultés des théologies. Telle est la grande victoire providentielle de l'inventeur de ce modèle.

Tout grand scientifique qui le lira est tenu de se prononcer afin d'attirer l'attention d'autres scientifiques. Résidant en Afrique, et sans moyen de faire la vulgarisation en occident, je ne compte que sur les propos des autres astrophysiciens qui jugeront le Modèle Cosmologique Universel.

Chapitre X
L'après Big Bang

Comme nous l'avons dit, dans un modèle cosmologique complet et non parfait, les événements doivent se suivre dans un ordre ordonné sans rupture. C'est ce que j'ai pu découvrir dans le schéma biblique de la Création. Cela a échappé à tous les théologiens si bien que certains d'entre eux ont rejoint les scientifiques en qualifiant le schéma biblique de la Création de schéma de foi.

Les événements qui ont suivi après le Big-bang ou la séparation des eaux d'avec les eaux, faisant l'objet de ce chapitre, démontrent aussi la preuve biblique et scientifique du Big-bang. J'ai dit que les détails, c'est dans la science qu'il faut les rechercher.

Dans le schéma biblique de la Création, la Bible ne parle que des phénomènes finals et indispensables pour la compréhension de l'univers aux gens qui n'avaient pas des connaissances en physique théorique. Ainsi, après avoir parlé du commencement de l'Univers dans le vide qualifié d'une « terre invisible et vide », la Bible a décrit cinq autres grands événements qui se sont déroulés au premier jour.

Après, au second jour, la Bible a parlé du phénomène Big-bang qu'a connu l'Univers, qualifié de la séparation des eaux d'avec les eaux.

Après le Big-bang, plusieurs autres grands événements se sont déroulés, tels que la nucléosynthèse, la réapparition de « la lumière fut ! » ou le rayonnement fossile, la formation des premières étoiles et galaxies. Mais la Bible a passé tous ces évènements en parlant de ce qui est visible pour les humains, c'est-à-dire la Création du système solaire au troisième et quatrième jour.

Nous aussi, dans ce livre, nous nous en passons de ces événements pour commencer l'après Big-bang avec la Création du système solaire selon le Modèle Cosmologique Universel, qui est la restitution scientifique du schéma biblique de la Création.

Section 1
Le système solaire

1.1. Approche biblique

La formation et les contenus des astres du système solaire font partie des plus grandes preuves observationnelles qui démontrent que le schéma biblique de la Création est fondé. Lisons d'abord les versets qui en parlent :

– Gn 1 ; **6** *Dieu dit : Qu'il y ait une étendue entre les eaux, et qu'elle sépare les eaux d'avec les eaux.* **7** *Et Dieu fit l'étendue, et il sépara les eaux qui sont au-dessous de l'étendue d'avec les eaux qui sont au-dessus de l'étendue. Et cela fut ainsi.*

– **Gn 1 :9** *Dieu dit : Que les eaux qui sont au-dessous du ciel se rassemblent en un seul lieu, et que le sec paraisse. Et cela fut ainsi.* **10** *Dieu appela le sec terre, et il appela l'amas des eaux mers. Dieu vit que cela était bon.* **13** *Ainsi, il y eut un soir, et il y eut un matin : ce fut le troisième jour.*

– **Gn 1 :14** « *Dieu dit : Qu'il y ait des luminaires dans l'étendue du ciel, pour séparer le jour d'avec la nuit ; que ce soient des signes pour marquer les époques, les jours et les années ;* **16** *Dieu fit les deux grands luminaires, le plus grand luminaire pour présider au jour, et le plus petit luminaire pour présider à la nuit ; il fit aussi les étoiles. Dieu vit que cela était bon.* **19** *Ainsi, il y eut un soir, et il y eut un matin : ce fut le quatrième jour* ».

– **Gn 2 :4** *Voici les origines des cieux et de la terre, quand ils furent créés. Lorsque l'Éternel Dieu fit une terre et des cieux,* **5** *aucun arbuste des champs n'était encore sur la terre, et aucune herbe des champs ne germait encore : car l'Éternel Dieu n'avait pas fait pleuvoir sur la terre, et il n'y avait point d'homme pour cultiver le sol.*

Selon le schéma biblique de la Création, la planète Terre a été créée au troisième jour et le Soleil au quatrième jour. Les journées bibliques, avons-nous dit, ne sont pas comme nos journées de 24 heures. Ce sont des étapes de création dont une durée pouvait varier d'une milliseconde à plusieurs milliards d'années. Donc, la Terre n'a pas été créée un jour avant le Soleil selon nos journées ordinaires. Cela a pris des milliers d'années, sauf que, bibliquement, l'accomplissement de chaque idéal correspondait à un jour divin.

Scientifiquement, tous les astres du système solaire, dont la Terre et le Soleil, ont été projetés par une même masse. C'est ce que confirme aussi la Bible en parlant de la création des astres lors de la « séparation des eaux d'avec les eaux » (Gen 1.6). Avec les eaux du dessous, la Terre émergea au troisième jour et avec les eaux du dessus, les luminaires dont le Soleil furent créés au quatrième jour. Avec une telle coïncidence, on découvre que ce schéma n'est pas une légende. Il fut incompris parce que la Bible n'utilise pas le langage scientifique qui venait à peine d'être créé avec le développement de l'astronomie classique.

En effet, scientifiquement, tous les astres du système solaire ont été projetés par une même masse que la Bible qualifie des eaux. C'est cette masse qui a donné naissance à toutes les planètes du système solaire. Ainsi, bibliquement et scientifiquement, cela veut dire qu'avec la masse (l'eau) d'en bas, la planète Terre fut créée, et qu'avec la masse (l'eau) d'en haut, les luminaires furent créés. Est-ce du concordisme ou tout simplement une différence des termes qu'on a utilisés ?

Les deux schémas ; biblique et scientifique, ont été racontés dans un écart de 3500 ans. Raconté d'abord par la Bible et confirmé 3500 ans plus tard par la science.

1.2. Contenu du système solaire

Le troisième et les quatrièmes jours bibliques sont liés et parlent de la Création des astres par une masse appelée « eaux » qui étaient séparées. Nous avons déjà démontré que les journées bibliques dans le schéma de la Création sont des périodes.

Selon la science, 9 milliards d'années se sont passés depuis le Big-bang jusqu'à ce qu'on arrive à la formation du système solaire. Le schéma biblique de la Création, se concentrant sur les étapes finales importantes, l'a contenue entre le troisième et le quatrième jour.

Le schéma biblique de la Création est le seul à offrir un ordre graduel dans la cosmogonie, démontrant la grande intelligence de son auteur que les scientifiques appellent mythe.

Même pour la science, toute cette période d'histoire sombre de 9 milliards d'années de l'univers n'a pu être reconstituée qu'à partir du système solaire qui fait partie des observations directes. Ainsi, ce système constitue aussi une preuve directe pour confirmer le fondement du schéma biblique de la Création.

Le système solaire contient un ensemble d'astres qui subissent la gravitation du soleil. Ces astres tournent tout autour du Soleil et leurs créations remontent bibliquement entre le troisième et le quatrième jour.

Ce système est composé, outre le Soleil lui-même et par ordre de distance croissante à celui-ci, de quatre planètes telluriques ou solides (Mercure, Vénus, Terre et Mars), d'une ceinture d'astéroïdes composée de petits corps rocheux, de quatre planètes géantes (deux géantes gazeuses que sont Jupiter et Saturne et deux planètes géantes de glaces que sont Uranus et Neptune) et de la ceinture de Kuiper, composée elle-même d'objets glacés.

1.3. L'origine scientifique et biblique du système solaire

Les philosophes antiques sont arrivés à décrire le fonctionnement de l'Univers en se basant seulement sur le système solaire,

Comme nous l'avons dit, Selon la science, toutes les planètes du système solaire ont été projetées par l'explosion d'une masse qu'ils qualifient d'étoile et que la Bible qualifie d'eaux. Une partie des poussières et des gaz, ayant formés les nuages moléculaires, s'est effondrée gravitationnellement. 99 % des matières contenues dans le centre ont formé le Soleil. Les autres matières éparses représentant 1 % ont formé les planètes.

Cet ensemble de gaz dont est issu le Système solaire n'aurait subsisté que 2 millions d'années après l'allumage du Soleil. (Cfr : Magazine Ciel&espace N° 421-P.19 Juin 2005).

Les scientifiques évaluent l'âge du système solaire à environ 4,6 milliards d'années. Cela veut dire que selon l'hypothèse de sa formation, aucun de ses astres ne peut avoir un âge au-delà de celui-ci. C'est ici que les choses deviennent très intéressantes. Certains groupes scientifiques rejettent mes publications pour garder leurs membres dans l'ignorance.

Que dit le schéma biblique de la Création en ce qui concerne l'origine du système solaire ? Il faut savoir que chaque formation et la fin d'une étoile reflètent le cycle du Big-bang. Par manque de termes scientifiques, à savoir nuages moléculaires, Moïse a utilisé le nom « eaux » et a parlé de la séparation des eaux d'avec les eaux. Des eaux du dessous, la terre émergea et des eaux du dessus, les luminaires furent créés (Gen 1 :6-19). Cela veut dire que les planètes et les luminaires du système solaire ont été tous formés par la séparation d'un même amas des matières que Moïse a qualifié des eaux.

L'âge du Soleil est estimé à 4,57 milliards d'années, alors que celui de la Terre à 4,54 milliards d'années, prouvant que ce sont des astres jumeaux, confirmant ainsi la Bible.

La preuve observationnelle de cette vérité a été faite par les scientifiques eux-mêmes sans savoir qu'ils ont confirmé le schéma de la Création biblique.

En effet, de nos jours, les scientifiques nous confirment que, que ce soit la terre (formée par les eaux du dessous) et les luminaires (formés par les eaux du dessus), tous sont composés des mêmes éléments. La différence, avons-nous dit, ne réside qu'autour de leurs états : solide, liquide, gaz et glacé pour la Terre et certaines planètes. Fluide et plasma pour le Soleil et d'autres étoiles.

Donc, tous les astres dans le système solaire sont issus du nuage moléculaire qualifié par Moïse des eaux. Nous-mêmes, aujourd'hui, sans être astronome, on ne peut expliquer l'origine des phénomènes célestes, ni même de la Terre. Comment Moïse est-il parvenu en 1500 avant Jésus-Christ ? Pour moi, c'est un savant inégalé jusqu'à ce jour et son nom devrait intégrer le monde scientifique comme étant le premier savant à avoir offert le premier schéma de l'univers, dont je suis le seul à l'avoir restitué dans le Modèle Cosmologique Universel.

Le nuage moléculaire ayant donné naissance au Soleil était principalement composé, selon nos recherches, de 70% de molécules d'hydrogène et de 30 % des autres éléments chimiques, dont l'oxygène. L'étymologie d'hydrogène est « ce qui génère de l'eau ». Donc Moïse, en qualifiant la masse originelle de l'eau, n'était pas loin de la science, car l'eau (H2O) est composée d'hydrogène et d'oxygène. Nous avons dit à plusieurs reprises que ce pour rendre la compréhension facile qu'on a traduit le mot utilisé par Moïse « eaux », car le mot grec original est ὕδωρ (hudôr) qui signifie hydro (cfr : eau ; Wikipédia), c'est-à-dire quelque chose lié à l'eau.

On comprend par-là que beaucoup des mots ont été complétement dénaturés par leur traduction de la Bible hébraïque ou grecque en d'autres langues. Scientifiquement, selon la nucléosynthèse, toute la Création après le Big-bang est issue de l'hydro, que Lavoisier a qualifié de l'hydrogène, confirmant ainsi la Bible.

1.3.1. Le paradoxe du Soleil jeune

Le paradoxe du Soleil jeune fait partie de l'un des énigmes de l'univers et fait l'objet d'étude de l'évolution du Soleil par rapport à la situation climatique de la Terre.

En effet, Alors que selon la science, le Soleil est âgé de 4,57 milliards d'années et la Terre de 4,54 milliards d'années, le paradoxe du Soleil jeune vient plutôt donner raison à la Bible qui a placé la Création de la Terre au troisième jour ou à la troisième étape et le Soleil au quatrième jour ou à la quatrième étape. Donc, selon la Bible, c'est la Terre qui est la plus âgée que le Soleil, ce qui semble contredire la science.

Lisons d'abord ces versets :

– **Gn 1 :9** *Dieu dit : Que les eaux qui sont au-dessous du ciel se rassemblent en un seul lieu, et que le sec paraisse. Et cela fut ainsi.*
10 *Dieu appela le sec terre, et il appela l'amas des eaux mers. Dieu vit que cela était bon.* ***13*** *Ainsi, il y eut un soir, et il y eut un matin : ce fut le troisième jour.*

– **Gn 2 :4** *Voici les origines des cieux et de la terre, quand ils furent créés. Lorsque l'Éternel Dieu fit une terre et des cieux,* **5**
aucun arbuste des champs n'était encore sur la terre, et aucune herbe des champs ne germait encore : car l'Éternel Dieu n'avait pas fait pleuvoir sur la terre, et il n'y avait point d'homme pour cultiver le sol.

Dans ces versets, on nous dit que la vie n'était pas encore apparue à cause d'une problématique d'eau. S'il n'avait pas encore plu, c'est qu'il y avait un problème entre l'eau qui se trouvait sur la Terre et la chaleur du Soleil. Où résidait ce problème ? Tout d'abord, pour qu'il puisse pleuvoir, ce qui symbolise la présence d'eau liquide, il fallait d'abord la chaleur du soleil. Lisons :

– **Gn 1 :14** « *Dieu dit : Qu'il y ait des luminaires dans l'étendue du ciel, pour séparer le jour d'avec la nuit ; que ce soient des signes pour marquer les époques, les jours et les années ;* ***16*** *Dieu fit les deux grands luminaires, le plus grand luminaire pour présider au jour, et le plus petit luminaire pour présider à la nuit ; il fit aussi les étoiles. Dieu vit que cela était bon.* ***19*** *Ainsi, il y eut un soir, et il y eut un matin :* ***ce fut le quatrième jour*** ».

Ce sont les termes « quatrième jour » qui nous intéressent, car il ne peut pleuvoir sur la Terre qu'après la Création du Soleil. Ceci, c'est pour nous dire que la Création de la vie a vu le jour à partir du cinquième jour. Cela correspond au schéma scientifique qui dit que sans eau, il n'y a point création de la vie, car elle favorise la cohésion des molécules.

Beaucoup critiquent le schéma biblique de la Création parce qu'il a parlé de la Création des plantes au troisième jour avant la Création du Soleil. Cela ne fut qu'une attribution de ce qu'adviendra sur la planète Terre, mais la vie elle-même n'apparut effectivement qu'au cinquième jour ou à la cinquième étape. Toutefois, à cette étape de la Création de la Terre au troisième jour, il y avait déjà potentiellement les molécules de vie prêtes à donner la vie, mais il y avait une problématique d'eau liquide.

Nous avons résolu cette énigme dans le livre « Big-bang à l'Homme » (éd. Livre en Papier) avant notre découverte du « paradoxe du Soleil jeune » dans le magazine Ciels&espace n° 442-Mars 2007 et qui a confirmé notre prédiction sur la restitution de ce verset biblique (Gen 2 :4).

En effet, la Terre, le Soleil et toutes les planètes du système solaire ont été projetées par une même masse qualifiée d'étoile par la science et d'eau par la Bible.

Au cours de leurs évolutions, la Terre, qui est un million de fois plus petite que le Soleil, avait acquis sa forme alors que le soleil était encore en pleine croissance. Voilà pourquoi l'auteur du schéma biblique de la Création plaça la Création de la Terre au troisième jour, avant la Création du Soleil qui est intervenue au quatrième jour. En conséquence, la Terre recevait moins de chaleur avant que le Soleil atteigne sa maturité. Cela avait comme résultat climatique, la glaciation de la Terre, et la vie ne pouvait germer comme nous pouvons le lire.

Gn 2 :4 *Voici les origines des cieux et de la Terre, quand ils furent créés. Lorsque l'Éternel Dieu fit une terre et des cieux,* **5** *aucun arbuste des champs n'était encore sur la terre, et aucune herbe des champs ne germait encore : car l'Éternel Dieu n'avait pas fait pleuvoir sur la terre, et il n'y avait point d'homme pour cultiver le sol.*

Donc, durant tout le temps où la planète Terre était couverte de glace, il n'y avait pas de vie. La vie n'est apparue que quand le soleil a atteint sa maturité, combiné avec certains phénomènes physiques et chimiques. Ces arguments, comme je l'ai dit, viennent d'être confirmés scientifiquement par le « paradoxe du Soleil jeune », tel que décrit dans le magazine Ciels&espace n° 442-Pp 32-35, Mars 2007. Lisons cet article pour voir si mes déductions sont partisanes :

« La luminosité du Soleil a augmenté de façon linéaire depuis sa naissance. Cela est dû aux réactions nucléaires qui rendent son cœur de plus en plus dense et de plus en plus chaud. Durant sa prime jeunesse, selon les Modèles d'évolution stellaire et observations d'astres jeunes, au début de sa vie, il y a 4,5 milliards d'années, le Soleil était 30 % moins lumineux qu'aujourd'hui. En conséquence, la Terre aurait dû être gelée pendant 2 milliards d'années. Or, les roches anciennes prouvent que l'eau liquide coulait déjà sur notre planète, il y a 3,8 milliards d'années. Comment résoudre cette apparente contradiction et mettre fin à un mystère vieux de 35 ans ; le « paradoxe du Soleil jeune » ?

Selon deux chercheurs américains, David Minton et Renu Malhotra, il faut ajouter 7 % de matière au Soleil lors de sa naissance, et sa taille compense alors sa faible luminosité pendant 2 milliards d'années. De quoi rendre à la Terre le climat qui a permis à la vie de se développer. Pour d'autres chercheurs, malgré un Soleil faiblard, un puissant effet de serre aurait donc à lui seul, fait grimper le thermomètre, ce qui a permis à la glace (qui couvrait la Terre) *de se fondre très tôt. Quant au parrain de ce paradoxe, le célèbre exobiologiste Américain Carl Sagan, en 1972, il a avancé que l'atmosphère terrestre de l'époque devait contenir de l'ammoniac, ce qui a fait fondre rapidement de la glace. Problème : l'ammoniac aurait rapidement été détruit par les ultraviolets solaires ».* (Cfr : magazine Ciels&espace n° 442-Pp 32-35, Mars 2007-Julien Bourdet).

Nous ne voulons pas intervenir dans ces débats. Ce qui nous intéresse est la confirmation de la réponse que nous avons offerte dans les versets ci-dessous et qui confirme qu'effectivement la Terre a connu une étape de glaciation. D'où ces versets bibliques :

Gn 1 :9 *Dieu dit : Que les eaux qui sont au-dessous du ciel se rassemblent en un seul lieu, et que le sec paraisse.*

Le sec est apparu de l'eau quand une partie de ces eaux est devenue liquide.

Gn 2 :5 *Lorsque l'Éternel Dieu fit une terre et des cieux, il n'y avait aucune vie, car l'Éternel Dieu n'avait pas fait pleuvoir sur la terre.*

Ce verset démontre que la Bible et la science parlent le même langage, à savoir, sans eau liquide, il ne peut y avoir la vie. Dire que Dieu a créé par la Parole (Jn 1 :1-3), cela ne veut pas dire qu'Il a outrepassé les processus physiques. Ce sont les situations de départ qui ont créé les lois de la continuité appelées processus physiques.

1.3.2. Le paradoxe de la « Terre boule de neige"

L'énigme du paradoxe du « Soleil jeune » a créé aussi l'énigme du paradoxe de « la Terre boule de neige. » Cela veut dire que, l'incapacité du Soleil de mieux chauffé la Terre pendant qu'il se formait, a fait que la Terre soit couverte de glace de son côté. C'est ce qu'on appelle le paradoxe de la « Terre boule de neige. » Ces deux paradoxes viennent encore une fois confirmer nos arguments sur le climat que la Terre a traversé et qui confirment les versets suivant :

« *Lorsque l'Éternel Dieu fit une terre et des cieux, aucun arbuste des champs n'était encore sur la terre, et aucune herbe des champs ne germait encore : car l'Éternel Dieu n'avait pas fait pleuvoir sur la terre et il n'y avait point d'homme pour cultiver le sol* ». ***(Gen 2 :4-5)***

Nous avons dit que cette situation était due physiquement à l'ère glaciaire que la terre a traversée car il était encore moins chauffé par le Soleil, et qui confirme aussi le verset qui dit que la Terre a germé de l'eau :

Gen *1.9 Dieu dit : Que les eaux qui sont au-dessous du ciel se rassemblent en un seul lieu, et que le sec paraisse. Et cela fut ainsi. 10 Dieu appela le sec terre, et il appela l'amas des eaux mers. Dieu vit que cela était bon.*

Lisons cet article que nous avons tiré du magazine Ciel&espace :

« Notre planète Terre aurait-elle été couverte tout entière de glaciers il y a 635 millions d'années ? Très discutée, cette hypothèse de la Terre « boule de neige » vient d'être confortée par la découverte d'une fine couche d'iridium dans trois carottages réalisés en Zambie et en République Démocratique du Congo. La présence, à quelques dizaines de mètres de profondeur, de cet élément typique des météorites s'expliquerait par l'accumulation brutale, lors de la débâcle, des poussières extraterrestres prises dans les glaces au cours de la période froide. La concentration en iridium mesurée indique que la Terre aurait été « boule de neige » pendant 3 à 12 millions d'années. (Cfr : Magazine Ciel&espace– N° 421 p.19– Juin 2005).

En plus, on parle du « petit âge glaciaire » qui affecta encore de vastes régions du globe entre le XVe et les XIXe siècles. Selon les observations faites sur d'autres étoiles, cela fut attribué à une nette diminution (0,4 %) de la luminosité solaire. (Cfr : Magazine Ciel&espace– N° 306 p. 6, octobre 1995).

Si cela a été possible dans un passé proche, rien n'empêche qu'il soit aussi possible dans un passé éloigné.

Comme on vient de le voir, la Bible a raison de parler de la Création de la Terre à la troisième étape et de celle du Soleil à la quatrième étape. Il est scientifiquement prouvé et bibliquement décrit que ces deux astres sont issus d'une même masse. Mais, pendant que la Terre était déjà affermie, malgré qu'elle fût couverte de glaces, le Soleil était encore en train de s'affermir.

D'ailleurs, un article vient d'être publié démontrant que l'eau sur la Terre est plus vieille que le Soleil, comme nous pouvons le lire : *« L'eau des systèmes planétaires s'est formée il y a des milliards d'années, avant le Soleil, dans l'espace interstellaire, et que les comètes et la Terre en ont hérité relativement inchangée. »* (Cfr : https://www.numerama.com/sciences/1296192-leau-sur-terre-serait-plus-vieille-que-le-soleil.html)

En plus, l'article ci-dessus, vient encore de confirmer la Bible en disant que la Terre a germé de l'eau.

Gen *1.9 Dieu dit : Que les eaux qui sont au-dessous du ciel se rassemblent en un seul lieu, et que le sec paraisse. Et cela fut ainsi.*
10 Dieu appela le sec terre, et il appela l'amas des eaux mers. Dieu vit que cela était bon.

Qui peut encore qualifier le schéma biblique de la Création de contes ? Qu'il soit qualifié de conte ou de mythe, les découvertes scientifiques confirment de plus en plus que c'est une histoire vraie, malgré les termes simpliste qu'on a utilisé.

Section 2
Les êtres vivants

2.1. La conception biblique et scientifique de la vie

Après avoir parlé de la formation du système Solaire au troisième et quatrième jour biblique, la Bible s'est penché directement sur la formation des êtres vivants aux cinquièmes et sixièmes jours.

Si dans le premier chapitre de la Genèse dans la Bible, Moïse mettait l'accent sur le créationnisme, dans le deuxième chapitre, par contre, il répond à la question « comment ces êtres vivants ont été créés ». Au premier chapitre de la Genèse, il a répondu à la même question sur le commencement de l'Univers jusqu'à la formation des galaxies. Par-là, on comprend que même le Vatican doit revoir sa déclaration sur la Bible, à savoir : *« La Bible nous dit qui a créé l'univers ; la science nous dit comment Il l'a fait ».*

Donc, l'astrothéologie est venue compléter la théologie. À travers le Modèle Cosmologique Universel, issue de l'astrothéologie, nous voyons que non seulement la Bible nous dit qui a créé l'Univers ; elle nous dévoile comment Il l'a fait sans même recourir à la science. La science est là seulement pour confirmer ces prédictions.

Après un schéma très théologique au premier chapitre de la Genèse dans la Bible, au deuxième chapitre, par contre, Moïse nous plonge dans la cosmologie en évoquant surtout l'élément principal pour l'émergence de la vie, à savoir l'eau liquide.

Nous lisons ceci :

« *Lorsque l'Éternel Dieu fit une terre et des cieux, aucun arbuste des champs n'était encore sur la terre, et aucune herbe des champs ne germait encore : car l'Éternel Dieu n'avait pas fait pleuvoir sur la terre, et il n'y avait point d'homme pour cultiver le sol ». **(Gen 2 :4-5)***

Aujourd'hui, la recherche de l'eau liquide dans les astres est devenue un grand enjeu pour la science, car c'est par là qu'on pouvait se concentrer pour découvrir s'il y a la vie. Alors, tous (théologiens ou scientifiques), ceux qui ont qualifié la Bible d'un livre non scientifique doivent réviser leur déclaration.

La Bible contient 66 livres dont certains chapitres sont scientifiques, d'autres poétiques, d'autres encore prophétiques, etc... L'homme n'est pas seulement les ongles, mais quand on dit l'homme, on voit un ensemble de plusieurs parties du corps formant un Tout. D'où, même si on ne peut pas réduire la Bible à un livre scientifique, mais, en parlant d'elle, on voit toutes ces contenues. Et, comme je l'ai dit, dans ces contenus, il y a des chapitres qu'on ne peut analyser que si on a des connaissances dans deux domaines : l'astronomie et la théologie (Principe de la Création du Rév. Sun Myung Moon) pour ce qui concerne le schéma de la Création biblique.

Revenons à la formation des êtres vivants. Nous avons fait au début une déclaration pour laquelle certains théologiens peuvent nous critiquer, à savoir : « À partir du deuxième verset de la Genèse chapitre I, tout ce qui vient après est le fruit de l'évolution, mais suivant la volonté ou le plan divin. » Et, Moïse lui-même, l'auteur de ce schéma vient de confirmer cela à partir du chapitre II où il évoque les phénomènes physiques et la chimie pour l'émergence de la vie.

Après avoir démontré l'importance de l'eau liquide pour l'émergence de la vie, il dévoila aussi ce que les astrophysiciens ne cessent de nous confirmer, à savoir que les êtres vivants sont faits de la poussière des étoiles. A son époque, personne n'avait cru à Moïse. Lisons :

Gn 1 :7 *« L'Eternel Dieu forma l'homme de la poussière de la Terre ».*

Nous avons déjà dit que les étoiles et la Terre sont composées des mêmes matières. Ces matières sont comme un brasier au niveau des étoiles, alors qu'elles se trouvent sous plusieurs états au niveau de la Terre. Nous avons aussi dit au chapitre I que tous les astres du système solaire, dont le Soleil compris, ont été projetés par une même masse que la science a qualifiée d'étoile qui a explosé. Mais c'est sur la terre que les êtres vivants apparurent, d'où la Bible parle « de la poussière de la terre ». La science, en parlant de la poussière des étoiles, s'est référée en amont, et la Bible, en parlant de la poussière de la Terre, s'est référée en aval. Donc, la science et la Bible ont parlé le même langage.

Donc, pour la Bible, tous les êtres vivants furent formés à partir de la poussière de la Terre, démontrant qu'il y a eu évolution. Lisons :

1. *« L'Eternel Dieu forma l'homme de la poussière de la Terre ». (Gn 1 :7)*

2. Dieu dit : Que les eaux produisent en abondance des animaux vivants, (Gn 1 :20)

3. L'Éternel Dieu forma du sol des arbres de toute espèce (Gn 2 :9)

4. L'Éternel Dieu forma de la terre tous les animaux des champs et tous les oiseaux du ciel, (Gn 2 :19)

5. L'Éternel Dieu forma une femme de la côte qu'il avait prise de l'homme (Gn 2 :22).

Pour ce qui est de la création de la femme, il n'y a que dans le mâle ayant les chromosomes X et Y qu'une femelle pouvait être créée. L'homme fut utilisé seulement comme cas de figure, car tout a commencé dans l'infiniment petit. Nous avons offert le développement dans le livre « Big-bang à l'Homme » publié dans l'édition "Le Livre en Papier".

Beaucoup critiquent le deuxième chapitre de la Genèse en disant que l'ordre n'était pas respecté. Tout d'abord, le deuxième chapitre de la Genèse commence par une phrase confirmant l'ordre du premier chapitre. Lisons :

Gen 2 : 2 « *Dieu acheva au septième jour son œuvre qu'il avait faite et il se reposa au septième jour de son œuvre qu'il avait faite.* »

Et après, Moïse se concentra seulement sur les êtres vivants. Il en avait déjà offert un schéma ordonné au chapitre I du livre de la Genèse.

Pour revenir aussi au premier chapitre, beaucoup critiquent aussi le schéma biblique de la Création parce que l'apparition des végétaux se retrouve à la troisième étape avant la Création du Soleil. Or, sans la photosynthèse et l'eau de pluie pour arroser la Terre, les plantes ne peuvent germer.

Étant donné qu'à la troisième étape, on était à l'époque des formations des galaxies, Moïse a plutôt prédit ce qui a adviendra à la planète Terre par rapport aux astres qui peuvent aussi avoir les molécules de vie. Comme je l'ai dit, c'est au deuxième chapitre que Moïse a offert un schéma scientifique (cosmologique) et là il spécifie : « *Lorsque l'Éternel Dieu fit une terre et des cieux,* **5** *aucun arbuste des champs n'était encore sur la terre, et aucune herbe des champs ne germait encore : car l'Éternel Dieu n'avait pas fait pleuvoir sur la terre, et il n'y avait point d'homme pour cultiver le sol* ».

Or, pour qu'il puisse pleuvoir, le Soleil devrait être là. Au premier chapitre, nous voyons que le Soleil a atteint sa maturité à la quatrième étape après avoir été projeté comme à la troisième étape par une même masse que la Terre. Nous en avons parlé dans le « Paradoxe du Soleil jeune ». C'est-à-dire, tous les êtres vivants ont commencé à apparaitre sur la Terre à la cinquième étape, quand il a commencé à pleuvoir et que l'eau a atteint des proportions chimiques adéquates. Les premières créatures furent les cyanobactéries qui évoluèrent en végétaux, bactéries, poissons, dinosaures et oiseaux. Les mammifères et l'homme furent formés au sixième jour biblique ou à la sixième étape.

Face à cela, lisons les points de vue des scientifiques sur l'apparition de la vie :

« La glace d'eau ou la vapeur d'eau n'ont aucune valeur particulière pour la vie. En fait, l'intérêt de l'eau liquide réside dans sa capacité à favoriser les réactions chimiques. Seule l'eau sous l'état liquide peut donc engendrer des réactions chimiques nécessaires à la vie… Grâce à sa polarité, l'eau peut ainsi dissoudre de nombreuses molécules, qui se retrouvent en présence sur tout le volume de solution : cela permet à ces molécules de se rencontrer au sein du liquide, et de réagir de façon efficace, ce qui explique

l'importance de l'eau liquide dans le développement de la vie ». (Cfr : L'eau liquide, source de vie dans l'Univers 17/01/2011 – Par Vincent Boqueho)

Le verbe « former » utilisé pour les êtres vivants à la place de « créer » démontre qu'à cette étape de l'évolution de l'univers, il y a eu évolution, c'est-à-dire un certain travail interne. Ce n'est pas moi qui ai fait la traduction biblique pour mettre le verbe « former » à la place de « créer ». Toutefois, les créationnistes auront toujours un mot à dire devant les évolutionnistes pour ces grandes énigmes, à savoir : L'univers étant invisible et vide au départ (Gen1 :2), d'où est venu l'énergie et les particules qui furent à la base de la Création de tout après plusieurs milliards d'années ?

Les êtres vivants étant formés des éléments minéraux qualifiés de la poussière des étoiles par la science et de la poussière de la Terre par la Bible, quels sont les processus physiques et chimiques qui furent à la base de ce passage des minéraux aux êtres animées organiques ?

Les évolutionnistes et les créationnistes discutent d'une manière désordonnée, mais l'astrothéologie vient de faire ressortir là où les discussions doivent avoir lieu. Puisque les évolutionnistes sont de grands scientifiques, c'est à eux de résoudre ces mystères et de les démontrer aux créationnistes. Tant que ces deux mystères ne sont pas résolus, alors, les créationnistes gardent leur tête de dire comme la Bible que c'est Dieu qui est le Créateur.

2.2. La poussière des étoiles et la poussière de la terre

Ge 2 :7 « *L'Éternel Dieu forma l'homme (***la masse ou le corps***) de la poussière de la terre, il souffla dans ses narines un souffle de vie (***énergie***) et l'homme devint une âme vivante »* **(l'homme intégrale)**.

Y'a-t-il une contradiction quand les savants présentent l'homme comme le fruit de la poussière des étoiles par rapport à la Bible qui le présente comme étant le fruit de la poussière de la terre ? Nous pouvons dire que la « poussière des étoiles », selon la science, et « la poussière de la terre », selon la Bible, de laquelle les êtres vivants furent formés, représentent la même chose, sauf que les savants ont analysé la situation en amont et la Bible en aval. Et, sur ce point, tous les savants sont d'accord.

Donc, à ce point, la conception biblique de la Création et celle de la science se rejoignent, même si la pensée du fond diffère. La poussière de la terre veut dire les minéraux qu'on retrouve dans la terre. Par exemple, le corps humain est constitué d'environ 10^{29} (1 avec 29 zéros) quarks ; particules constituantes du noyau atomique. (Cf. : Blandine Plucher, La physique quantique pour les nuls, éd. First, Paris 2018, p. 154)

Gn 2 : 7 L'Éternel Dieu forma l'homme de la poussière de la terre, il souffla dans ses narines un souffle de vie, l'homme devint un être vivant.

Donc, même s'il y a plus d'un milliard d'étoiles et d'exoplanètes, la Terre avec ces paramètres est une exception tout comme pour les huit milliards d'individus, chacun a ne forme propre de son visage.

Dans le Modèle Cosmologique Universel, qui est la restitution du schéma biblique de la Création, la formule de la vie a été soustraite du verset :

Gen 2 :7 « L'Éternel Dieu forma l'homme de la poussière de la terre, il souffla dans ses narines un souffle de vie et l'homme devint un être vivant. »

Scientifiquement, nous pouvons l'articuler ainsi :

« Le hasard de la nature forma l'homme de la poussière des étoiles se trouvant dans la Terre. En combinaison avec le souffle de vie, la vie s'anima ».

Scientifiquement, parce que Dieu est invisible. Même si un témoin fictif était présent, il n'aura vu que les éléments en train de se combiner naturellement. C'est pour cela que Stephen Hawking a dit : « *L'univers n'a pas eu besoin de Dieu pour se former et que tout a suivi un processus physique ». (Magazine Ciel et espace).*

En effet, personne ne peut voir Dieu visiblement à l'œuvre. C'est pour cela aussi que les athées ne croient pas à son intervention dans la Création. Mais, qu'on parle de Dieu ou du hasard de la nature, le processus ou la formule que j'ai découverte dans la Bible et qui fait désormais partie du Modèle Cosmologique Universel reste la même.

Vie = Poussière des étoiles (Terre) + Souffle de vie

2.3. L'Homme intégral et le souffle de la vie

Gn 1 : *7 L'Éternel Dieu forma l'homme de la poussière de la terre, il souffla dans ses narines un souffle de vie, l'homme devint un être vivant.*

Qu'est-ce qui a réellement été soufflé dans l'homme ? Il ne s'agit pas de l'air que nous respirons, qui est physique. Même les plantes le respirent, y compris les animaux. Dieu étant spirituel, Il dota plutôt aux êtres vivants tout ce qui est spirituel et cela a activé ce qui est immatériel dont les biologistes découvrent seulement dans les cerveaux les zones qui les activent ou qui les contrôlent selon les termes scientifiques. C'est la source des consciences et de l'intelligence dans les êtres vivants. L'homme fut utilisé comme cas de figure.

"La conscience et l'intelligence sont antérieures au cerveau mais celui-ci est une structure permettant de les manifester et d'en exprimer les contenus. " (Cfr : David Joseph Bohm : https://www:Sciencecritique.com/contact/edi_monde/505622)

Cette assertion scientifique est confirmée par le verset suivant :

Jb 32 ;8 *Mais en réalité, dans l'homme, c'est l'esprit, Le souffle du Tout-Puissant, qui donne l'intelligence* ;

Donc, chez les animaux, le cœur active le sang et on peut voir ce sang, car c'est matériel. Nous avons l'amour, mais on ne peut la voir. Même si on nous opère, on ne le verra jamais et, par conséquent, on ne peut créer un médicament pour l'effacer en nous ou pour l'augmenter. C'est l'homme mélangé avec tous ces aspects invisibles qu'il a acquis à travers le souffle de vie que nous appelons l'Homme intégral. C'est ce souffle qui a apporté dans l'homme l'image de Dieu, qui lui a apporté l'esprit, l'âme et toute la matière grise comme le sentiment, l'intellect, l'amour, la volonté, c'est-à-dire tout ce qu'on ne peut voir, même si on a découvert les zones du cerveau déclencheur de certaines émotions.

Dans le chapitre IV, nous avons expliqué ce qu'on entend par la poussière de la Terre et le souffle de vie.

TROISIÈME PARTIE :
La cosmologie selon les modèles antiques

Chapitre XI
La cosmologie selon le modèle antique

Nous avons dit que la cosmologie est la science qui étudie l'origine, les structures et l'évolution de l'univers selon la science classique. Selon l'astrothéologie, le cosmos est composé de la sphère spirituelle et de la sphère physique. Ainsi, tout en gardant la même définition, l'origine dans l'Astrothéologie intègre aussi la sphère spirituelle où se retrouve la cause. Dans la sphère physique, on ne retrouve que les effets qui font partie de l'étude de la cosmologie classique. Par là, nous pouvons dire que l'astrothéologie est plus complète que l'astronomie.

Nous avons développé la cosmologie selon les modèles antiques dans notre livre « Le Big-bang est biblique, coranique et antique ». Publié dans l'édition 'Livre en papier'. Dans ledit livre, nous avons parlé de la cosmologie selon le modèle antique oriental et de la cosmologie selon le modèle antique occidental.

Dans le modèle antique oriental, nous avons parlé de Yin et de Yang, qui sont les courants qui régissent l'univers. Dans la cosmologie, selon le modèle antique occidental, nous avons exploité les pensées de deux philosophes grecs. Il s'agit d'Empédocle et d'Aristote. Pour respecter le sujet de ce livre, nous allons faire seulement une révision de la pensée d'Empédocle, dont les idées continuent jusqu'à ces jours d'influer sur les religions ésotériques et la cosmologie.

Donc, ce chapitre peut se retrouver dans le livre « Le Big-bang est biblique, coranique et antique ». Si nous l'avons repris ici, c'est pour démontrer que ce qui est contenu dans la Bible a été aussi développé par un philosophe antique qui ignorait complètement les écrits bibliques. Cela, afin que cesse le jugement du concordisme dont on m'accuse.

En plus, les arguments sur la description de l'univers selon les modèles antiques, permettront à tout le monde de mieux comprendre le phénomène du Big Bang.

Section 1
Le modèle cosmologique antique occidental

Nous n'allons pas parler du modèle antique occidental sous son aspect philosophique. Nous avons dit que la philosophie et la théologie se réfèrent aux étymologies, alors que la cosmologie se réfère aux contenus. Ainsi, nous allons plutôt déchiffrer la pensée des auteurs du modèle antique occidental en nous référant à la cosmologie, c'est-à-dire aux contenus. C'est ce que nous avons aussi fait pour découvrir les secrets qui se cachaient dans le schéma biblique de la Création. Cela a fait que je sois aujourd'hui la première à découvrir l'existence de la sphère de l'avant-Big Bang.

Nous avons vu au début que toutes les grandes structures sur le fonctionnement de l'Univers, de l'avant Big Bang à l'après Big Bang, ont été aussi déjà décrites depuis l'antiquité. Nous étions surpris de découvrir dans nos recherches qu'un philosophe moins connu qu'Aristote, sans même connaître les écrits de Moïse, a décrit le début de l'univers, son fonctionnement, jusqu'à sa destruction.

Je suis le premier à mettre ce philosophe en valeur dans la cosmologie. Sa contribution a fait le titre du Tome I, à savoir « La cosmologie selon les modèles bibliques et antiques », qui est l'ancienne version de ce livre et dont nous avons mis fin à sa diffusion. Il s'agit du philosophe grec Empédocle (environ 490 à 430 av. J.-C.). L'autre philosophe classé parmi les plus grands, c'est Aristote. Mais Aristote fut beaucoup plus philosophe qu'Empédocle qui allait droit au but.

1.1. EMPÉDOCLE (environ 490 à 430 Av. JC)

Empédocle fut un philosophe, poète, ingénieur et médecin grec de Sicile, du Ve siècle av. J.-C. Il fait partie des philosophes présocratiques, ces premiers penseurs qui ont tenté de découvrir l'arkhè du cosmos, son « schéma ». Les présocratiques sont des philosophes qui, dans la Grèce antique, ont participé aux origines de la philosophie et ont vécu du milieu du VIe siècle av. J.-C. jusqu'au IVe siècle av. J.-C., c'est-à-dire pour la plupart avant Socrate (470-399 av. J.-C.). (Cfr : Wikipedia : histoire de la philosophie en occident).

Depuis l'antiquité jusqu'à ces jours, les philosophes et les astrophysiciens ont décrit et analysé l'univers sur la base des observations. Ils se limitent ainsi au « comment » comme dans la science contemporaine. Moïse, tout comme Empédocle, font partie de ceux qui ont raisonné sur les origines de l'univers sans se référer aux observations ; c'est-à-dire sur ce qu'on voit. Il faut disposer pour cela d'une sagesse et d'une percée des pensées dans l'infini. Ce qui n'est pas donné à tout le monde. Même les savants du monde contemporain ont mis une croix sur les origines dans leurs différents modèles. Toutefois, une mention honorable est faite au physicien italien Gabriele Veneziano qui a restitué scientifiquement le premier jour biblique sans le savoir dans son modèle de corde.

Aujourd'hui, je suis le premier chercheur, autodidacte soit-elle, à compléter et à éclaircir les pensées de ses philosophes et chercheur dans le domaine de la cosmologie.

Friedrich Nietzsche (1844-1900), philosophe allemand, formula une critique radicale de la pensée occidentale et de la morale chrétienne et qualifia Empédocle de plus grand philosophe antique selon ce terme : « La figure le plus haut en couleur de la philosophie antique, nous laissa pour vestige... une sandale ». (Le Monde.fr, 19.05.2014, par Sophie Chassat).

Comme Friedrich Nietzsche, moi aussi j'ai abouti à la même conclusion, car sa philosophie sur l'origine de l'univers est confirmée par le Modèle Cosmologique Universel dont je suis l'inventeur.

Les écrits de ce philosophe antique n'ont pas tellement attiré l'attention dans la philosophie moderne. Dans le Modèle

Cosmologique Universel, nous avons ressuscité les grandes pensées de ce philosophe afin qu'il puisse désormais faire partie de l'histoire de la cosmologie tout comme Moïse. Les deux ont décrit l'origine et l'évolution de l'Univers avec beaucoup de précisions, mais selon les termes littéraires de leurs époques.

Comme Moïse, Empédocle est monté sur une montagne pour ne plus revenir. En effet, une légende, déjà réfutée dans l'Antiquité, raconte qu'il serait mort en se jetant dans le feu divin de l'Etna, abandonnant à la terre, sur les bords du cratère, ses sandales. On ne sait pas s'il s'est jeté dans le gouffre du volcan lui-même ou bien s'il a été poussé. Quand on sait qu'on ne peut pas être à l'aise en marchant dans les pierres du volcan sans sandale, alors on peut rendre facilement le verdict.

Quant à Moïse, dont tous les intellectuels le qualifient de mythe, lui aussi est monté sur une montagne sans revenir. Providentiellement, son corps fut même disputé entre le Ciel et la Terre. Lisons :

Deut 34 :1 Moïse monta dans des plaines de Moab sur le mont Nébo, au sommet du Pisga, vis-à-vis de Jéricho. Et ! l'Eternel lui fit voir tout le pays.
Deut 34 :5 Moïse, serviteur de l'Eternel, mourut là à l'âge de 120 ans, dans le pays de Moab, selon l'ordre de l'Eternel. Et ! L'Eternel l'enterra dans la vallée, au pays de Moab, vis-à-vis de Beth Peor. Personne n'a connu son sépulcre jusqu'à ce jour.

1400 ans plus tard, ce témoignage fut fait par un disciple de Jésus :
Jude 1 : *9 Or, l'archange Michel, lorsqu'il contestait avec le diable et lui disputait le corps de Moïse, n'osa pas porter contre lui un jugement injurieux, mais il dit : Que le Seigneur te réprime !*

Quant aux fragments des écrits d'Empédocle, ils ont été commentés avec enthousiasme par des poètes et des penseurs méditant sur le cosmos, comme Lucrèce, Hölderlin, Nietzsche et Bachelard. Romain Rolland, critique fervent d'Empédocle, affirme qu'Empédocle « représentait pour son temps l'homme universel ».

Dans les années 1960, la philosophie d'Empédocle est reconstruite et intégralement commentée par Jean Bollack dans le livre *« Empédocle I ; Introduction à l'ancienne physique »*. Je suis le premier à démontrer comment sa philosophie rejoint la cosmologie moderne d'une manière succincte et je laisse le soin aux philosophes, métaphysiciens et astrophysiciens d'en faire des développements détaillés dans leurs livres. Mes recherches se limitent aux origines théoriques des phénomènes naturels.

En conclusion, je dirai que le modèle antique occidental est venu encore faire un arbitrage philosophique entre les modèles classiques et le Modèle Cosmologique Universel. Aux savants de les exprimer en langage mathématique.

1.2. Le schéma de l'Univers selon Empédocle

1.2.1. La gravitation (l'Amour) et l'expansion (la Haine)

Empédocle attacha son nom à une théorie qui, jusqu'à la Création de la chimie moderne, a été adoptée par presque tous les philosophes, les médecins et les religions ésotériques : celle des quatre éléments. En développant ces concepts sur l'Univers selon la science actuelle telle que je vais les dévoiler dans ce livre, on remarquera que même nos savants ne lui valent pas philosophiquement parlant.

Ces principes engendrent les éléments dont sont composées toutes les choses matérielles : l'eau, la terre, le feu et l'éther (ou l'air), issus de deux forces énergétiques : l'Amour et la Haine. L'Amour est une force d'unification et de cohésion qui fait tendre les choses vers l'unité (par exemple, les organismes vivants) ou même l'Un quand il s'agit du cosmos. La Haine est une force de division et de destruction qui fait tendre les choses vers le multiple.

Ces deux forces énergétiques constituent les deux principes qui règnent cycliquement sur l'univers, l'Amour et la Haine. Dans la science moderne, on parle de la gravitation et de l'expansion, provoquée selon les astrophysiciens, par une énergie qualifiée de l'énergie noire. C'est pour dire que dans l'Antiquité, Empédocle était déjà au courant de cette énergie qui faisait tendre l'univers. Par quel mécanisme ? Nous nous posons la même question.

N'ayant pas le mot scientifique pour désigner la gravitation ou ce qui attire, Empédocle le désigne par le mot « Amour ». Quant à l'énergie qui provoque la séparation et l'expansion, c'est ce qu'on appelle aujourd'hui l'énergie noire. Empédocle l'a désignée par la « Haine » car dit-il, après l'amour qui a le pouvoir d'unir deux personnes, la haine entraine l'énergie qui provoque le divorce et l'éloignement de chacun. Au niveau des corps célestes, on parle de la gravitation, responsable de la cohésion et de l'énergie noire, responsable de l'expansion.

Donc, comme Moïse dans le schéma biblique de la Création, Empédocle prenait aussi comme cas de figure ce qui se passe dans la relation entre les humains pour expliquer le fonctionnement de l'Univers. Il se faisait passer pour un magicien et parfois pour un mystique. La source principale des fragments conservés d'Empédocle est l'œuvre d'Aristote. Il se peut que la doctrine de l'Un et de l'Amitié d'Empédocle ait été influencée par le zoroastrisme d'Orient. C'est ce que nous avons dit en disant que sa pensée influence certaines sectes ésotériques ou les recopies.

1.2.2. L'évolution de l'Univers selon Empédocle

Lisons d'abord les idées d'Empêdocle :

> *Sa doctrine physique fait des quatre éléments (le Feu, l'Air, la Terre, l'Eau) les composantes de toute chose. À ces Éléments s'ajoutent les Forces de l'Amour et de la Haine : l'Amour rapproche même ce qui est dissemblable, et la Haine sépare ce qui est joint : ...*
>
> *— A un moment donné, l'un se forma du Multiple, à un autre moment, il se divisa, et de l'un sortit le Multiple — Feu, Eau et Terre et la hauteur puissante de l'Air.*
>
> *— A l'origine, tous les éléments, unis par l'Amour, formaient une masse homogène appelée les spherus.* (La haine se mettant à s'installer) *la Discorde y pénètre et sépare les éléments les uns des autres. Puis, après cette période de dissolution, l'Amour pénètre de nouveau dans le monde et reprend à la Discorde les éléments dissociés. Il se produit d'abord en un point (soit par l'action de l'Amour, soit à la suite d'une rupture d'équilibre entre le feu et l'air, si bien que le commencement du monde serait le résultat final des mouvements désordonnés imprimés au tout par la Discorde, un mouvement tourbillonnant en vertu duquel une partie des substances sont mélangées : la Discorde se trouve repoussée au dehors. Le tourbillon, d'abord très lent, s'étend sans cesse davantage ; les substances séparées sont attirées par le mélange primitif ; la Discorde est de plus en plus chassée vers l'extérieur. Ainsi se forme le monde, qui doit périr de nouveau lorsque, après l'unification complète, il sera revenu à l'état primitif des spherus ».* (Cfr : www.Wikipédia. EMPEDOCLE).

Dans ce développement très philosophique, on voit qu'Empédocle parle des origines de l'univers par une force appelée l'amour qui a tout uni en formant le sphérus jusqu'à sa destruction par un Big Crunch ou le retour à l'état primitif du sphérus. Ceci rend sa philosophie très intéressante pour les astrophysiciens. Ces écrits datent du VIe siècle av. JC.

Mais, continuons d'abord avec sa philosophie pour ce qui est du fonctionnement de l'univers.

1. « *La dualité et l'opposition des forces d'Amour-Haine s'appliquant sur ces quatre Éléments subit en outre une alternance : à un état où règne seul l'Amour et où tout est uni (le Sphairos),*

succède l'introduction progressive de la Haine jusqu'à la complète séparation des Éléments, l'Amour réapparaissant alors ramène les choses à l'unité et vers un nouveau cycle »...

2. « *Par l'action du ciel, la Terre reste tranquille par l'effet d'un tourbillon qui l'entoure* ».

3. *Car ils prévalent alternativement dans la révolution du cercle, et passent les uns dans les autres, et deviennent grands selon le tour qui leur a été assigné.*

En plus, c'est le philosophe Empédocle qui a proposé, le premier en Occident, une explication correcte des éclipses de Soleil. (Cfr : www.WIKIPEDIA : Éclipse).

1.3. Restitution scientifique des pensées d'Empédocle

1.3.1. Les énergies du début de l'Univers

Les philosophes antiques et contemporains se sont concentrés sur les quatre éléments cités par Empédocle, oubliant que les plus importants ou la cause, ce sont les deux grandes énergies qu'il a mises en évidence. Parmi ces énergies, nous avons l'Amour et la Haine. C'est comme le Yang et le Yin dans le modèle antique oriental. Ces deux énergies sont décrites comme des manifestations à la base du fonctionnement de l'Univers.

Dans la phrase « *l'Amitié et la Haine ont engendré les quatre éléments dont sont composées toutes les choses matérielles : l'eau, la terre, le feu et l'air* », nous voyons que ces deux caractères humains n'ont rien à voir avec celui de l'homme. Dans l'Antiquité, il n'y avait pas de termes scientifiques pour décrire certaines manifestations. C'est ainsi qu'Empédocle a emprunté les noms de « la haine et l'amour » à la littérature pour expliquer les énergies du début de l'Univers. Ces noms sont des courants ou des énergies que nous allons développer dans les points qui suivent.

Donc, Pour Empédocle, il y a deux grandes énergie qui sont à la base du fonctionnent de l'univers : l'Amour et la Haine.

1.3.1.1. L'Amour (l'Amitié) – l'esprit de Dieu

Pour Empédocle, l'« *L'Amitié ou l'amour est une force d'unification et de cohésion qui fait tendre les choses vers l'unité (par exemple les organismes vivants) ou même l'un quand il s'agit du cosmos* ».

En science, quand on parle des forces, on voit directement l'énergie. Ici, nous sommes en face d'une énergie active qui exerce la force d'unir. En science, par ses propriétés, cette force est synonyme de gravité, de supergravité ou de superforce.

Dans la Bible, cette force est décrite par la phrase « *Un vent de Dieu ou l'esprit de Dieu se mouvait au-dessus des eaux* » (Genèse 1 :2). Cette définition d'Empédocle nous permet de comprendre comment ces énergies ont agi avant le Big-bang. Dans la science actuelle, on parle de plus en plus de la supergravité comme étant la force originelle ayant agi pour qu'on arrive au Big-bang. Et sa définition répond à celle d'Empédocle concernant l'amour.

Ainsi, dans la phrase suivante d'Empédocle : *« À l'origine, tous les éléments, unis par l'Amour, formaient une masse homogène appelée le sphérus »,* nous remarquons que nous sommes dans la description de l'avant Big-bang à l'univers condensé. C'est les contenues de cette masse qui fut qualifiée par la Bible des « eaux ». La science n'a jamais donné de nom à cette masse depuis qu'elle a rejeté le nom d'atome primitif de l'abbé Lemaître et l'a remplacé par « l'univers condensé ».

Pour Empédocle, par une force qualifiée de « l'amour », étant donné que l'amour unit, l'univers se retrouva condensé par une masse homogène qu'il appela « sphérus » et qui, après la survenue d'une autre force qu'il qualifia de la « haine », cette masse se retrouva divisée.

En parlant de Sphérus, Empédocle, sans le savoir, a rejoint la Bible qui a qualifié cette masse homogène par des « eaux ». Plus tard, le savant belge, l'abbé Lemaître, l'appela l'atome primitif et les scientifiques de « l'Univers condensé. »

Pour le Modèle Cosmologique Universel, c'est la confirmation d'une masse avant le Big Bang qui est importante. Par conséquent, que ce soit dans le modèle antique occidental défendu par Empédocle, le schéma de la Création biblique ou le Modèle Cosmologique Universel, l'univers s'est retrouvé condensé avant de subir le Big Bang. Ceci nous démontre que le big-bang est le point de rencontre de tous les modèles cosmologiques. Un modèle cosmologique sans Big Bang, qualifié de la séparation des eaux d'avec les eaux dans la Bible, est déjà voué à l'échec. Voilà pourquoi je me proclame être le premier à convaincre l'humanité entière que l'évolution de l'univers a passé par le Big Bang.

1.3.1.2 La haine (discorde) – les ténèbres – l'énergie noire

Pour Empédocle, *« La Haine est une force de division et de destruction qui fait tendre les choses vers le multiple »*. Comme l'amour, la haine est décrite comme une force ou une énergie agissant différemment de l'amour ou de la gravitation selon la science actuelle.

À l'échelle de l'Univers, les savants comprennent directement qu'il s'agit d'un phénomène qu'ils n'arrivent pas à expliquer et l'ont baptisé « l'énergie noire », qui est à la base de l'expansion de l'Univers. Quel rôle a-t-elle pu jouer avant le Big-bang ? La réponse du Modèle Cosmologique Universel va de pair avec celle du Modèle antique occidental ou d'Empédocle. Lisons sa pensée :

« *À l'origine, tous les éléments, unis par l'Amour, formaient une masse homogène appelée le sphérus. La Discorde y pénètre et sépare les éléments les uns des autres* ».

En disant qu'à l'origine, tous les éléments étaient unis par une force qu'il appela Amour, cela démontre déjà une activité avant le Big-bang qui contractait l'univers. Donc, l'avant Big-bang n'a jamais été une aporie, même dans l'antiquité. Ce sont les savants du temps contemporain qui ont voulu nous le faire croire. La majorité dise même que tout a commencé avec le Big-bang.

En disant aussi que « *La Discorde y pénètre et sépare les éléments les uns des autres* », nous entamons le processus du Big-bang. C'est comme quand dans la Bible « *Dieu dit ; séparons les eaux d'avec les eaux* » (Gn 1 :6). Pour la science, il s'agissait d'une instabilité qui s'est glissée dans la supergravité. La gravité s'est désolidarisée des quatre forces, jusqu'a entraîné le Big-bang. Mais pour le modèle antique occidental, voire le Modèle Cosmologique Universel, c'est une force qui est venue séparer le sphérus ou les eaux selon la Bible.

D'où est venue cette énergie et de quelle énergie s'agit-il ? Cette énergie ne pourrait être que l'énergie noire, qui s'est activée dans l'univers condensé. La science parle parfois du retrait de la gravité dans la super-force, responsable de l'expansion de la masse originelle. Pour ceux qui n'ont jamais entendu parler de l'énergie noire, c'est une énergie mystérieuse selon les scientifiques et qui est à la base de l'expansion de l'univers. En d'autres termes, on ne pouvait pas dire le retrait de la gravité, comme le disent certains scientifiques, mais ce qui l'a plutôt fait sauter.

Dans ces pensées d'Empédocle ou du modèle antique occidental, nous sommes en face de deux processus. Le premier est que tous les éléments avant le Big-bang, qui ne pourraient être que les particules originelles, se sont unis par une force qu'il qualifia de l'amour. Ces éléments, selon le Modèle Cosmologique Universel, se sont condensés et se sont réchauffés à l'extrême, générant la première lumière ; « Dieu dit que la lumière soit ! Et, la lumière fut.

Comme nous l'avons dit dans le cadre du Modèle Cosmologique Universel, avant le Big-bang, il y avait eu une déflation cosmique qui condensait toutes les particules originelles. Empédocle qualifie cette force qui entrainait la déflation de l'amour. La Bible a parlé d'un vent de Dieu. Tous les croyants savent que le premier attribut de Dieu est l'amour.

Le Big-bang ne fut pas un phénomène dû au hasard. Moïse, dans la Bible, intercala cela par la phrase : « *Dieu dit : qu'il y ait une étendue entre les eaux, et qu'elle sépare les eaux d'avec les eaux* » (Ge 1 :6).

Pour que ces eaux se séparent, la puissance de Dieu a transmis une force négative selon Empédocle qu'il appela la Haine. C'est cette force qui a provoqué les divorces des éléments, provoquant le Big-bang ou la séparation des Spherus ou la séparation des eaux d'avec les eaux selon la Bible.

Le pape François a dit que le Big-bang est un acte d'amour de Dieu, car cela a permis à l'Univers d'entamer son évolution. (Cfr : https://fr.aleteia.org/2016/12/08/quand-la-religion-rencontre -la-science).

Il ne peut y avoir une séparation sans force. Donc, face à un vent de Dieu, ou force de l'Amour, qui unissait les particules d'avant le Big-bang, on voit qu'après un bref temps d'accalmie, où la chaleur avait atteint une température maximale dans l'univers condensé, une force commençait déjà à faire son entrée, ce qui entrainera le Big-bang ou le rebond.

Empédocle qualifia, avons-nous dit, cette force séparative de la haine, entraînant la « discorde » ou les divorces des éléments. La continuité de ses idées rejoint même l'inflation cosmique en disant que les éléments qui étaient proches les uns des autres se sont mis à nouveau à s'unir malgré l'expansion, comme nous pouvons le lire :

« La dualité et l'opposition des forces d'Amour-Haine s'appliquant sur ces quatre Éléments subit en outre une alternance : à un état où règne seul l'Amour et où tout est uni (le Sphérus), succède l'introduction progressive de la Haine jusqu'à la complète séparation des Éléments (Big-bang), *l'Amour réapparaissant alors ramène les choses à l'unité et vers un nouveau cycle* (formation des galaxies) ».

Ici, on est en phase de l'expansion de l'Univers par la force de la haine et en même temps, l'amour luttant de nouveau pour unir les particules, forma les premières matières de l'Univers.

Scientifiquement, on parle de la nucléosynthèse où, malgré une expansion fulgurante ou l'inflation, les particules se sont unies, formant l'hydrogène dont la fusion entama les processus de la Création. D'où la phrase : « *La complète séparation des éléments, l'amour réapparaissant alors, ramène les choses à l'unité et vers un nouveau cycle* ».

Donc, ces deux forces, la haine, ou énergie noire responsable de l'expansion de l'Univers, et l'amour, ou gravitation, pour la formation des atomes et la réapparition de la lumière, sont toujours en confrontation et décrites en ces termes par Empédocle :

« *Puis, après cette période de dissolution, l'Amour pénètre de nouveau dans le monde et reprend à la Discorde les éléments dissociés* ».

On comprend ici qu'Empédocle parle des processus d'unification des éléments créés par la gravitation dans la période de la recombinaison, alors que l'énergie noire était déjà en action.

La plus grande vérité que je viens de découvrir dans la philosophie d'Empédocle est que l'énergie noire n'a pas commencé après le Big-bang, mais elle fut la cause même du Big-bang et de l'expansion de l'Univers. Bibliquement, cela s'appelait les ténèbres, selon ce qu'il est écrit : « Dieu appela les ténèbres nuit » et « Il appela la lumière jour ». Encore une fois, on voit la présence des deux forces antagonistes que sont l'énergie noire et la gravitation.

La présence des ténèbres étant déjà évoquée bibliquement « avant la séparation des eaux d'avec les eaux » ou avant le « Big-bang », on comprend que c'est une force qui s'était déjà retrouvée dans l'univers condensé. Lorsqu'elle a commencé par prendre le dessus, elle fut bibliquement qualifiée par les termes : *« Dieu dit : séparons les eaux d'avec les eaux »* (Gn 1 :6), Empédocle l'expliqua par ces termes : À *l'origine, tous les éléments, unis par l'Amour, formaient une masse homogène appelée les spherus.* (La haine se mettant à s'installer), *la Discorde y pénètre et sépare les éléments les uns des autres* ».

On comprend qu'il y avait déjà deux forces antagonistes dans la sphérus ou dans l'univers condensé : l'amour ou jour et la haine ou nuit. Quant à la science moderne, il parle plutôt de la gravitation et de l'énergie noire.

La science n'a pas corrigé, mais elle a donné seulement des nouveaux noms. Par conséquent, on ne peut parler des concordismes parce que l'explication est la même, sauf que les termes utilisés sont différents. La science a créé de nouveaux termes pour expliquer ces phénomènes et je lui ramène la cosmogonie pour lui rappeler que ce qu'elle dit était déjà décrit dans l'antiquité. Par-là, nous constatons que les philosophes antiques gardent encore leur avance par rapport aux découvertes scientifiques dans la cosmologie.

Et Empédocle poursuit :

« *Que le commencement du monde serait le résultat final des mouvements désordonnés imprimés au tout par la Discorde, un mouvement tourbillonnant en vertu duquel une partie des substances sont mélangées : la Discorde se trouve repoussée au-dehors* ».

Prenons la première manifestation :

« *Que le commencement du monde serait le résultat final des mouvements désordonnés imprimés au tout par la Discorde.* »

Il parle du commencement du monde ou de l'univers survenu après le Big-bang causé par une force qu'il qualifie de la Discorde selon le langage de son époque, ayant entrainé des mouvements désordonnés. Voilà pourquoi le pape François avait qualifié le Big-bang de l'acte d'amour de Dieu, car ce fut la naissance de notre univers ou l'univers d'après Big-bang après son extrême condensation.

La deuxième manifestation fut la suivante :

« *un mouvement tourbillonnant* (après le Big-bang) *en vertu duquel une partie des substances sont mélangées : la Discorde se trouve repoussée au-dehors* ».

Scientifiquement, une fois l'expansion entamée, les quarks se sont de nouveau unis pour former des éléments et que ces derniers, en se fusionnant, ont chassé la Discorde à leur intérieur. On parle alors de la recombinaison. À travers cette philosophie, nous venons de découvrir qu'Empédocle a répondu à une partie de mon paradoxe concernant l'énergie noire et la matière noire, à savoir : « Comment sont-elles entretenues ? »

En effet, en restituant le schéma d'Empédocle, nous découvrons que dans le vide cosmique, l'énergie noire est présente, mais à chaque fois que la gravitation arrive à unir les éléments pour la formation des structures, l'énergie noire se retrouve repoussée comme un ballon qu'on compresse et libère de l'air, accélérant ainsi le vent.

Tout ce que nous sommes en train d'expliquer permettra aux astrophysiciens de l'exprimer scientifiquement tout en créant de nouvelles théories qui permettront d'enrichir le Modèle Cosmologique Universel. Ce n'est pas un modèle sacré où il est interdit d'ajouter ou de retrancher. C'est aussi conçu par quelqu'un de faillible et en plus, un non astrophysicien.

En d'autres termes, la pensée d'Empédocle peut se résumer ainsi selon le Modèle Cosmologique Universel : après le Big-bang, pour qu'on atteigne la stabilité qu'Empédocle qualifie de *commencement du monde*, il y eut guerre entre des mouvements désordonnés, provoqués par l'expansion, et la gravitation, qualifiée de mouvement tourbillonnant, qui créera des éléments combinés.

Revenons à la dernière phrase de la citation : *« un mouvement tourbillonnant en vertu duquel une partie des substances sont mélangées : la discorde se trouve repoussée au dehors »*. Ici, dans les galaxies ainsi formées, la discorde, ou l'énergie noire, ne put pénétrer à l'intérieur pour les séparer. Elle ne put qu'être repoussée, provoquant l'expansion de l'Univers. Donc, nous voyons que malgré les difficultés de langage, Empédocle est en train de décrire la formation et le fonctionnement de l'univers.

Par la phrase « *La discorde se trouve repoussée au-dehors* », on comprend que cette discorde, ou l'énergie noire, n'avait plus d'effet de destruction là où les éléments étaient unis par la gravité.

Voyons comment cela est confirmé par les observations :

« *Les grandes structures sont donc des noyaux de résistance. Elles abritent même, çà et là, les seules zones de l'espace où l'expansion a été vaincue. Ni nous, ni notre planète ne sommes en expansion. Il n'y a pas d'expansion non plus entre les étoiles de notre galaxie. La voie lactée a aujourd'hui un diamètre de 70 000 années-lumière, et c'était déjà son diamètre il y a 10 milliards d'années. Même chose en ce qui concerne l'espace entre les galaxies du Groupe local. Celui-ci n'est pas en expansion, et la loi de Hubble n'y est pas applicable... L'expansion commence seulement au-delà du Groupe local. Elle affecte essentiellement les immenses régions pauvrement peuplées que l'on observe entre les amas et superamas de galaxie, et qui elles-mêmes semblent se répartir en une évanescente hiérarchique de trous et supertrous* ». (Serge Jodra : magazine Ciel&espace n°378 Novembre 2001 Pp. 45-46)

Voilà comment le schéma de ce philosophe antique, caché sous des pierres et ressuscité, nous aide à résoudre beaucoup d'énigmes.

Empédocle ne s'est pas limité là. Il a parlé d'abord de la formation des astres et des galaxies *: le tourbillon, d'abord très lent, s'étend sans cesse davantage ; les substances séparées sont attirées par le mélange primitif ; la Discorde est de plus en plus chassée vers l'extérieur. Ainsi se forme le monde ».*

Ici, il s'agit d'abord de la formation des astres, où il y a toujours lutte entre les forces centrifuges et centripètes. Classer cette philosophie de cosmogonie n'a plus de sens après cette restitution scientifique. Son raisonnement cadre effectivement avec ce que les astrophysiciens ont émis concernant le début et la formation des galaxies.

1.3.2. Signification des quatre ensembles

« À un moment donné, l'un se forma du Multiple, à un autre moment, il se divisa, et de l'un sortit le Multiple – Feu, Eau et Terre et la hauteur puissante de l'Air ».(Empédocle).

En nous basant sur le Modèle Cosmologique Universel, je dis que le feu est une conséquence d'une collision et ne peut être classé comme élément. C'est un phénomène consistant en un dégagement de chaleur et de lumière produit par la combustion vive d'un corps. Il en est de même pour l'air. En effet, l'air est le nom donné au mélange de gaz constituant l'atmosphère de la Terre. Mais néanmoins, les deux, c'est-à-dire le feu et l'air, peuvent transporter l'information de leurs éléments causals.

En plus, le fait que ces éléments soient rattachés aux noms des dieux démontre qu'il s'agissait plutôt des forces, des champs et non de corps comme nous les voyons.

- *Zeus, dieu de la lumière céleste, désigne le Feu ;*
- *Héra, épouse de Zeus, désigne l'Air ;*
- *Aidônéus[Hadès], dieu des enfers, désigne la Terre ;*
- *Nestis[Poséidon] désigne l'Eau).*

Par exemple, aux origines de l'Univers, on ne pouvait pas parler d'air et de feu.

• Le feu représentait tout ce qui brûle, à commencer par les éclairs jusqu'à la grande détonation. Ceci remplace la lumière et la séparation des eaux par les eaux de la Bible, c'est-à-dire le Big-bang.

• L'air représente l'inflation et l'expansion.

• L'eau représente les éléments qui sont à la base de toute la Création.

• La terre constitue l'aboutissement de la formation de l'Univers, c'est-à-dire les galaxies et leur contenance.

CLASSEMENT	ÉLÉMENTS	SIGNIFICATIONS	MANIFESTATIONS
1	EAU	Particules originelles	Particules élémentaires
2	SPHÉRUS	-Masse avant le Big Bang - Eaux bibliques	Univers condensé
3	FEU	- Lumières - Big Bang	Rayonnements
4	AIR	- Inflation, expansion	Expansion
5	TERRE	Eléments	Galaxies

Le sphérus, représentant l'Univers condensé, a émis les premiers rayonnements lors du Big-bang qualifié de feu.

En nous basant sur le langage d'Empédocle, nous pouvons dire que par l'action de l'amour sur les eaux, les éléments se condensèrent en formant le sphérus. En se chauffant, ils finirent par faire jaillir le feu (la lumière). Après le Big-bang, le nom « Air » intervient pour démontrer l'inflation et l'expansion qui s'en suivit. En finalité, les galaxies se formèrent, représentées par la terre. D'où, le classement devient : eau, feu, air, terre.

1.3.3. Le tourbillon autour de la Terre

Nous avons dit qu'Empédocle a décrit la stabilité orbitale et la présence de l'atmosphère de la Terre de la manière suivante : *« Par l'action du ciel, la Terre reste tranquille par l'effet d'un tourbillon qui l'entoure ».*

Je tiens à préciser que par les termes « *par l'action du ciel* », Empédocle ne parle pas de la religion. En principe, il a senti qu'il devrait y avoir une force invisible qui serait à la base de la stabilité de la Terre.

Comprenant que les philosophes antiques parlent des états plutôt que des noms pris au sens propre, à travers ces écrits, on voit qu'Empédocle a découvert deux grands phénomènes que la science actuelle vient à peine de découvrir : l'atmosphère et la stabilité orbitale [*la Terre* (galaxie) *reste tranquille par l'effet d'un tourbillon qui l'entoure].*

À travers la citation « *Par l'action du ciel, la Terre reste tranquille par l'effet d'un tourbillon qui l'entoure* », on comprend directement qu'Empédocle soupçonnait la présence de quelque chose qui protège la terre à partir du ciel. Avec le développement scientifique, nous savons maintenant qu'il s'agit de l'atmosphère terrestre.

En effet, plusieurs planètes sont aujourd'hui la cible des météorites par manque d'atmosphère ou n'ayant pas une atmosphère consistante. Par manque de noms scientifiques à son époque, Empédocle qualifia l'atmosphère terrestre d'un tourbillon qu'il entoure assurant sa stabilité. Est-ce du concordisme ?

Quant à la formation des astres, Empédocle écrit : « *Car ils prévalent alternativement dans la révolution du cercle et passent les uns dans les autres, et deviennent grands selon le tour qui leur a été assigné* ». Fantastique ! Là, il décrit déjà ce qui se passe dans le disque protoplanétaire.

Compte tenu du crédit que la science a accordé à Aristote par rapport à Empédocle, si ce dernier avait pris en considération le sphérus, alors, on aurait su depuis longtemps que l'Univers condensé et le Big-bang étaient des notions antiques et dont la science actuelle a offert des preuves. Maintenant, il ne reste plus que l'approbation scientifique de l'avant Big-bang telle que détaillée dans le Modèle Cosmologique Universel dans ce livre.

1.4. : Tableau de synthèse sur les différents modèles

Ère	MODÈLE BIBLIQUE	MODÈLE antique ORIENTAL	MODÈLE ANTIQUE OCCIDENTAL	SCIENCE MODERNE	PRINCIPE DE LA CRÉATION
-5	DIEU (LOGOS)	DIEU (Grande Origine Première)	dieux		DIEU (Origine)
-4	-vide chaotiques,			Vide (à inclure)	(ÉNERGIE PREMIÈRE UNIVERSELLE)
-3	-ténèbres - abîme -Esprit ou vent de Dieu (Énergies)	Yang et yin (Énergies)	Amour et haine (Énergies)	Manifestation de phénomènes quantiques (à inclure)	Forces Premières Universelles (Énergies)
-2	-Eaux (Matières originelles)	Eau,	Spherus	Univers se condense	Matières primitives
-1	-lumières (rayonnement cosmique)	feux	feux	Matière très chaudes de l'univers condensé	Union
0	**Séparation des eaux d'avec les eaux**	feux	**Discorde**	**Big Bang**	(Division)
1	Un soir et un matin (évolution)	Bois, Métal	-Air	-inflation ténèbres, lumière et fusion des atomes	(union)
2	Terre (Univers observable)	Terre (Univers observable)	Terre (Univers observable)	Univers observable	Univers observable (Multiplication)

En faisant la synthèse parmi tous les modèles, y compris ceux qui sont reconnus scientifiquement aujourd'hui, c'est le schéma de la Création biblique, restitué scientifiquement dans le Modèle Cosmologique Universel, qui est le meilleur. C'est le seul, conçu par un seul homme, Moïse, le savant des savants, sous l'inspiration divine, qui explique étape par étape l'évolution de l'univers depuis l'avant Big-bang jusqu'à l'homme.

À notre époque, pour comprendre comment les choses ont évolué de l'avant Big-bang à l'homme, il faut une assemblée des grands savants de toutes les disciplines scientifiques et dont chacun devra apporter son concours. Donc, l'entrée en profondeur des matières soulevées par le Modèle Cosmologique Universel fait partie de la tâche de tout le monde.

Chapitre XII
La fin du monde

La fin du monde signifie la fin de la vie, c'est-à-dire la fin des végétaux, des animaux et des hommes et non la fin de l'univers, même s'il se réduisait à l'atome primitif ou l'univers condensé.

L'univers ne pourra disparaitre, même si un jour la gravitation va l'emporter sur l'expansion. À ce moment-là, on parlera de Big-Crunch ou le retour à l'état initial. Un scénario contraire suggère que s'il n'y a pas une constante cosmologique qui n'est pas encore découverte, l'expansion pourra devenir de plus en plus forte et que toutes les structures s'éclatent. Si l'un de ces scénarios se réalise, ce sont les êtres vivants qui vont disparaitre, mais l'univers sera toujours là. Ainsi, quand on parle de la fin du monde, on voit beaucoup plus la fin de la vie sous toutes ses formes.

Section 1
La fin du monde selon les écrits sacrés

1.1. Signification de la fin du monde

Mt 13 :40 *« or, comme on arrache l'ivraie et qu'on la jette au feu, il en sera de même à la fin du monde ».*

1.1. Signification de la fin du monde selon la Bible et la Torah

Les chrétiens et les judaïstes comprennent eux-mêmes très mal la signification de la fin du monde. Pour eux, la fin du monde constitue la fin de la vie et la destruction totale de ce monde, qui sera suivie par une résurrection dans un nouveau monde. La vraie explication étant beaucoup religieux, je m'en passe de faire les commentaires dans ce livre.

Ainsi pour tous les théologiens, chercheurs et ceux qui veulent connaître davantage l'explication de la fin du monde selon toutes les prophéties, depuis l'Ancien Testament jusqu'à l'Apocalypse, je leur recommande le livre du Principe divin du Rév. Dr. S.M. Moon. Nous ne voulons pas faire des commentaires qui seront incompris dans ce livre. Je mets seulement l'un des versets :

Mt 24 :29 *« Aussitôt après ces jours de détresse, le soleil s'obscurcira, la lune ne donnera plus sa lumière, les étoiles tomberont du ciel, et les puissances des cieux seront ébranlées ».*

Du point de vue géométrique, la Terre se trouve dans le même plan que les étoiles, même si nous les voyons au-dessus de nous. Aucun astre ne peut tomber sur l'autre. Au contraire, la Terre étant plus petite que la majorité des étoiles, c'est plutôt elle qui court le risque d'être attirée gravitationnellement par une étoile et tombée dedans. Si cela devait arriver, pour un terrien qui pense que la terre est fixe, il pensera que c'est l'étoile qui est en train de tomber sur lui et pourtant, c'est le contraire.

Ces paroles de Jésus-Christ, dont les prophéties correspondent aux événements qui se passeront quand le Soleil va épuiser tout son hydrogène, selon la science, dans environ cinq milliards d'années, ne doivent pas être comprises littéralement. Si vous allez dire à un astronome qu'aux derniers jours les étoiles tomberont du ciel (Mt 24 : 29), même si vous êtes un tri-doc en théologie, il vous prendra pour un élève de l'école maternelle.

L'évêque Saint Augustin a dit : « *Si on trouve une interprétation des écritures qui semble aller à l'encontre de ce qui est établi (science), il faut revoir cette interprétation* ». (Cfr : documentaire « **Cosmos – au-delà du Big-bang** écrit par Matt HICKEY). Par-là, nous devrons revoir notre compréhension des versets ayant trait à la fin du monde. Le problème, ce n'est pas les versets, mais notre compréhension.

Comme je l'ai déjà dit, les vraies explications de ces versets traitant de la fin du monde selon les écrits sacrés sont contenues dans le livre du Principe divin. (Cfr : Présentation du Principe divin, éd. Culture et Paix, Paris, p.113-122).

Nous n'avons rien à développer sur la fin du monde parce que personne ne pourra aussi un jour la regarder et dire tel chercheur avait raison. Donc, inutile de créer un débat autour de cela. Les recherches devront plutôt s'orienter pour découvrir la constante cosmologique qui fait que la Terre et l'Univers seront là éternellement, comme le disent ces versets :

Ecl 1 :4 une *génération s'en va, une autre vient, et la terre subsiste toujours.*

Ecl 3 :*14 « J'ai reconnu que tout ce que Dieu fait durera toujours, qu'il n'y a rien à y ajouter et rien à en retrancher, et que Dieu agit ainsi afin qu'on le craigne ».*

Section 2
La fin du monde selon Empédocle

2.1. Les trois scénarios pour le futur de l'univers

Selon la science, trois scénarios sont décrits pour le futur et la fin de l'univers. Il y a d'abord le Big Crunch. Dans ce scénario, la gravitation finira un jour par prendre le dessus sur l'expansion et l'univers va revenir à sa forme initiale, c'est-à-dire d'atome primitif ou l'univers condensé.

Le second scénario constitue l'opposé du premier, c'est-à-dire que l'expansion de l'univers deviendra de plus en plus puissante et tout finira par s'exploser, même le corps humain. Enfin le troisième scénario dit qu'il y a peut-être une constance cosmologique qui fait que l'univers soit éternel. Ici, nous allons seulement parler du scénario qu'Empédocle a décrit, c'est-à-dire du Big Chrunch.

2.2. Le Big-Chrunch

Après avoir parlé de l'expansion, qu'il qualifia de « discorde », et de la gravitation, qu'il appela « amour », et que ces deux forces sont à la base de la formation et de la séparation des galaxies, Empédocle clôture son schéma en parlant du processus de la fin du monde qui est proche scientifiquement du Big-Crunch par la phrase : « *Ainsi se forme le monde, qui doit périr de nouveau lorsque, après l'unification complète, il sera revenu à l'état primitif du sphérus* ».

Cela veut dire, selon le langage scientifique, que la gravitation finira par gagner la force de l'expansion et que toutes les galaxies vont commencer à revenir à leur position d'origine en s'autodétruisant par *« l'unification complète »*, jusqu'à se retrouver dans la position de Sphérus. Ce phénomène est connu scientifiquement sous le nom de Big Crunch.

Je tiens déjà à dire à mes lecteurs que les savants ne croient plus que la gravitation aura raison de l'expansion, c'est-à-dire le Big Crunch, d'autant plus que les galaxies s'éloignent de plus en plus : « *la discorde est de plus en plus chassée vers l'extérieur* » comme le dit Empédocle. Mais ce scénario scientifique risque toujours de se terminer par une rupture de force et de causer la fin du monde.

Selon le Modèle Cosmologique Universel, nous n'avons pas encore eu le temps de raisonner sur la fin de l'Univers, aussi longtemps qu'il y aura encore beaucoup de choses à découvrir, qui donneront un tableau précis pour son avenir.

Le Modèle Cosmologique Universel se limite à la restitution scientifique du schéma de la Création tel qu'écrit dans les deux premiers chapitres de la Genèse, et là, l'option de la fin du monde n'était pas abordée. Par contre, l'avenir de l'Univers se trouve scellé par ce verset :

Ecl 3 :*14 « J'ai reconnu que tout ce que Dieu fait durera toujours, qu'il n'y a rien à y ajouter et rien à en retrancher, et que Dieu agit ainsi afin qu'on le craigne ».*

Il faut aussi noter que c'est ce scénario, annoncé déjà dans l'antiquité par le roi Salomon, que la cosmologie moderne présente comme le plus probable. Pour la science, si l'on a affaire à une constante cosmologique, l'expansion durera éternellement et l'Univers n'aura pas de fin.

Ecl 1 :4 Une *génération s'en va, une autre vient, et la terre subsiste toujours.*

Dans ce scénario, on a affaire au « Goldilocks Universe », un Univers Boucle d'Or, où forces attractives et répulsives sont en équilibre sans toutefois empêcher son expansion.

Les pensées d'Empédocle entrent dans les modèles scientifiques comme celui de Fred Hoyle et d'autres astrophysiciens, et nous les avons baptisées le modèle antique occidental. Comme Moïse, avec la publication de mes livres, on remarquera aussi que le nom d'Empédocle ne manquera plus dans le manuel des histoires de la cosmologie, comme ceux d'Aristote, Ptolémée, etc.

Telle est aussi ma grande contribution pour la résurrection des idées de ce grand philosophe grec.

Chapitre XIII
Science et Religion

Pour le Révérend Dr. Sun Myung Moon, «. *L'humanité a emprunté le chemin de la religion pour chercher la vérité intérieure, tout en poursuivant la vérité extérieure par le chemin de la science. La religion et la science, chacune dans son domaine, ont été les méthodes pour chercher la vérité afin de vaincre l'ignorance et de parvenir au savoir. En définitive, le chemin de la religion et celui de la science devraient aboutir à une démarche conjuguée pour résoudre leurs problèmes ; les deux aspects de la vérité, intérieure et extérieure, devraient se développer en pleine communion. Alors seulement goûterons-nous au bonheur éternel, complètement affranchis de l'ignorance et vivant totalement dans le bien, en accord avec les désirs de notre âme originelle* ». (Cfr : Présentation du principe divin : éd. Culture et Paix, Paris, 2013, Pp29-30).

À travers ce discours magistral, on voit que l'unité entre la science et la religion est quelque chose de crucial. Mais de pareils discours risquent de rester lettre morte. Pourquoi ? Ce n'est pas à cause de la science, mais de la religion.

Section 1
L'unité entre la science et la religion

1.1. Problématique

La science et la religion ont des doctrines qui sont aux antipodes. Comment peut-on les concilier ?

Peut-on parler de l'unité entre la science et la religion ? Beaucoup de colloques sont organisés actuellement dans le monde autour de ce sujet. À la réponse de cette question, même si tout le monde peut dire oui, mais, à l'état actuel des choses, moi, je dirais non si on ne définit pas sur quoi doit se baser cette unité.

La science n'accepte que des choses rationnelles, des choses démontrables. Or, les religions sont devenues de monde à l'intérieur du monde, des pays à l'intérieur des pays. Outre ce que dit la constitution d'un pays, la coutume et les traditions issues des Anciens, chaque religion est venue ajouter un plus ou retrancher sur ce que nous venons de citer. En un mot, on trouve dans chaque religion une certaine culture qui lui est propre. C'est pour dire que les religions elles-mêmes sont intérieurement divisées entre elles.

Dans la culture de chaque religion, on retrouve des pratiques mystiques introduites par leurs gourous et par leurs maitres, que parfois eux-mêmes, les disciples, n'arrivent pas à expliquer. Il y en a des milliers, dont nous pouvons citer ce qui est commun, comme l'utilisation de l'encens et beaucoup d'objets sacrés parfois vendus par les gourous pour chasser les esprits mauvais, guérir les maladies, purifier les choses. La science arrivera un jour à sonder cela ? Jamais.

Il y a aussi le fait d'enlever les souliers avant d'entrer à l'église, soit disant que cette dernière est un lieu saint. Où se cache la saleté qui rend un individu impur ? Est-ce dans son soulier ou c'est dans son for intérieur ? Mais ça se comprend si cela a pour but de ne pas ramener la saleté extérieure dans le temple, plutôt que de considérer cela comme une impureté.

Nous ne pouvons pas tout citer, mais chaque croyant sait que dans son église, il y a des pratiques qui sont inexplicables. Si on fait un recensement des pratiques qu'on ne retrouve nulle part dans les livres sacrés en commençant par le christianisme, l'islam, le vaudou, les religions orientales, est-ce que quelqu'un peut expliquer aux scientifiques leur fondement ? Personne. Alors comment voulez-vous parler de l'unité entre la science et la religion sans au préalable en définir les contours ?

Nous savons qu'il y a des croyants scientifiques tout comme des scientifiques athées. La religion est battue par la foi, tandis que la science est battue par la raison. Certaines doctrines religieuses ne peuvent pas être prouvées scientifiquement et les croyants les acceptent par la foi. D'autres récits aussi peuvent être prouvés scientifiquement. Mais ce n'est pas en les prouvant scientifiquement qu'on unit toute la religion avec la science.

Pour moi, l'unité entre la science et la religion ne concerne que les points de vue des uns et des autres sur les phénomènes physiques de la nature. Pour le moment, il y a une grande division entre les créationnismes et les évolutionnistes. Pour les créationnistes, l'univers a un créateur et ils se limitent par là. Ils ne savent plus comment évoluer à part les faits de citer les exemples.

Les évolutionnistes, quant à eux, se basent sur la croissance de l'univers sans expliquer l'origine et le commencement ; car le Big-bang lui-même est une manifestation de quelque chose qui avait déjà atteint plusieurs degrés. Si ce fossé entre les créationnistes et les évolutionnistes n'est pas comblé, il n'y aura jamais convergence de point de vue entre la religion et la science. Heureusement que cela vient d'être fait à ce XXIe siècle, dans le Modèle Cosmologique Universel qui combine harmonieusement les théories scientifiques avec les versets bibliques.

Quand on prouve quelque chose scientifiquement, on reste dans un domaine déterminé. Pour mon cas, je suis seulement dans le schéma biblique de la Création qui, pour moi, sa restitution dans le Modèle Cosmologique Universel devrait faire partie de la cosmologie. Dans ce modèle, les phrases telles que « Dieu dit, Dieu fit, Dieu créa » sont mises entre parenthèses pour la seule raison que Dieu est invisible. Même s'il y avait un témoin fictif, il ne verrait même pas Dieu à l'œuvre. Il verrait seulement la combinaison de certains phénomènes physiques et les résultats.

Ce sont ces phénomènes et la façon dont ils se sont combinés que nous essayons de faire ressortir dans le Modèle Cosmologique Universel. Donc, le champ d'étude du Modèle Cosmologique Universel est plus grand que tout ce que les scientifiques nous ont proposé jusque-là en cosmologie.

En conclusion, la conciliation de l'unité entre la science et la religion ne concerne que les points de vue des uns et des autres sur les phénomènes physiques de la nature.

Alors que la science est en train de rechercher le modèle qui unira la mécanique quantique et la relativité générale, le Modèle Cosmologique Universel est venu prouver qu'il y a effectivement un pont entre l'avant Big-bang, le Big-bang et l'après Big-bang. Ceci est pour permettre aux savants d'aller à la découverte de la théorie du Tout.

1.2. Le fondement de base de l'unité entre science et religion

Le Modèle Cosmologique Universel éclaircit des preuves scientifiques qui semblent être en contradiction avec la Bible et explique les versets bibliques qui semblent aussi être en contradiction avec la science. Il constitue ainsi un fondement de base pour l'unité entre la science et la religion.

Là où tout le monde s'est engagé avec des discours philosophiques, nous nous sommes référés à la source du problème en nous posant la question : « Qu'est-ce qui cause la séparation entre la science et la religion ? » C'est la mauvaise compréhension ou interprétation du schéma de la Création biblique.

Ainsi, tant que ce schéma, découvert dans des papyrus, ne sera pas restitué clairement, la divergence et les malentendus subsisteront toujours entre la science et la religion. Heureusement qu'à ce jour, le Modèle Cosmologique Universel est venu restituer clairement ce schéma et il ne reste plus qu'aux astrophysiciens d'introduire des variables pour en faire un schéma scientifique complet.

La prise de la connaissance selon laquelle le Big-bang est biblique est très importante, car cela va unir, avons-nous dit, la science et la religion. C'est un pari auquel personne avant nous n'était parvenue à le faire. Les scientifiques et les religieux avaient toujours des langages parallèles.

En fait, la science et la religion ne peuvent pas s'unir tant que leur langage et leur compréhension de la notion des temps restera parallèle. St Augustin a dit : *« Si les observations scientifiques approuvées démontrent une vérité qui semble contradictoire avec la Bible, ce n'est pas que la Bible soit incriminée, mais c'est en nous de revoir l'interprétation que nous en donnons à cette vérité. »*

Section 2
Le concordisme

2.1. Parole biblique et observation scientifique

Le concordisme est un système d'exégèse biblique visant à mettre en concordance les données de la Bible avec les données scientifiques (Cfr : Dicos Grand Robert). C'est une façon de prouver que certains écrits sacrés répondent aux observations. Ne voulant pas que la Création puisse être attribuée à Dieu, ce mot est désormais utilisé d'une manière péjorative pour repousser les arguments exégétiques.

Nous savons que la religion est un chemin qui cherche à nous ramener vers Dieu et nous dit que c'est Dieu qui est le Créateur. Mais Dieu étant invisible, comment s'est faite la combinaison des différents éléments ? C'est à la science que nous obtenons les réponses. Ainsi, prouver qu'un verset répond à l'observation scientifique n'est pas nécessairement du concordisme, car la personne qui l'a dit était aussi intelligente. Si la même phrase était consignée dans un livre autre que religieux, la personne aurait été qualifiée de philosophe

.

Plusieurs papes, dont Pie XII, Jean-Paul II, Benoît XVI et le pape François ont tenté le rapprochement, estimant que Dieu restait malgré tout derrière la Création. (Cfr : ttps ://www.sudouest.fr/2014/10/29/le-Big-bang-a-l-evolution -conformes-le-pape-contredit-les-creationnistes).

Donc, en disant que Dieu a créé, la question que nous devrons nous poser est : « Par quel miracle les particules élémentaires se sont combinées dans la nature pour aboutir à la Création ? » C'est parce qu'ils reflètent les caractéristiques duelles de Dieu qui tendent à tout ramener à l'unité selon la formule imagée : « *C'est ainsi que l'homme quittera son père et sa mère et s'attachera à sa femme et ils deviendront une seule chair* » (Gen

2 :24). Ceci fait partie de la loi « d'Origine – Division – Union » contenue dans le Principe de la Création du Rév. Dr. Sun Myung Moon.

Les scientifiques ne comprennent pas les langages religieux. Cela est dû au fait que les livres sacrés émanent de l'antiquité et certains du Moyen Âge où les vocabulaires scientifiques n'existaient pas. Mais si on commence à analyser leurs versets, les scientifiques découvriront que la religion est encore en avance par rapport à leurs découvertes. Là, je parle dans le domaine de la cosmologie. Toutes les grandes structures qu'on a découvertes dans la cosmologie ont déjà été dévoilées dans la religion, dont la sphère de l'avant Big-bang jusqu'au Big-bang, voire au-delà. Les autres manifestations ne sont que les conséquences émanant des mouvements de ces grandes structures.

Souvent, dans les débats entre science et religion, les religieux allaient toujours avec une tête basse, car la science exhibe des observations démontrables. Le Modèle Cosmologique Universel est venu mettre fin à l'acculement des scientifiques. C'est le seul modèle qui peut être compris par tous et répond ainsi aux prédictions du savant anglais Stephen Hawking qui a dit :

« Si nous parvenons vraiment à découvrir une théorie unificatrice, elle devrait avec le temps être compréhensible par tout le monde dans ses grands principes, pas seulement par une poignée de savants. Philosophes, scientifiques et personnes ordinaires, tous seront capables de prendre part à la discussion sur le pourquoi de notre existence et de notre Univers. Et si nous trouvions un jour la réponse, ce sera le triomphe de la raison humaine, qui nous permettrait alors de connaître la pensée de Dieu. » (Cfr : Stephen Hawking, Une brève histoire du temps, trad. I. Naddeo-Souriau, Paris, Flammarion, 1989, p. 213).

Cette pensée de Dieu sur la Création, c'est ce que le Modèle Cosmologique Universel tente de nous révéler. Ainsi, le Modèle Cosmologique Universel est le seul modèle à répondre à cette préoccupation du savant Britannique Stephen Hawking.

2.2. Moise et Empédocle dans l'histoire de la cosmologie

Moïse et Empédocle méritent d'être cités dans des documents de recherche modernes ou des livres scientifiques. Ce qu'ils ont raconté fait partie de l'Histoire de la cosmologie.

Dans les documents de recherche modernes, les chercheurs commencent l'histoire de la cosmologie par Aristote. Or, ce dernier n'a fait que corriger et développer les idées du philosophe grec Empédocle que personne ne cite. C'est Empédocle qui fut le premier à dévoiler les quatre éléments à l'origine de toute chose et c'est aussi lui qui fut le premier en philosophie à parler de l'univers condensé (Sphérus) et du Big-bang (séparation du Sphérus). À savoir que Moïse aussi en avait parlé de cela en utilisant le terme « eau » à la place du sphérus. Il attribua cette séparation ou le Big-bang à la volonté divine, c'est-à-dire causée par une force inconnue pour les hommes. Même de nos jours, les scientifiques se posent la question « d'où est venue l'énergie qui a provoqué le Big-bang », et on n'a pas encore la réponse.

Donc, tant que la science n'arrive pas à clarifier ce qui a provoqué le Big-bang, la Bible garde encore sa raison de dire que cela fut l'émanation divine : « Dieu dit : Séparons les eaux d'avec les eaux ». D'où le pape François a raison de qualifier *« le Big-bang comme un acte d'amour de Dieu »*. Toutefois, dans le cadre du Modèle Cosmologique Universel, nous avons tenté d'offrir une réponse dans le livre « Avant Big-bang – Big-bang – Après Big-bang » (éd. Librinova). Espérons que les scientifiques se surpasseront pour lire les livres de mes collections qui combinent la science et les versets à caractère scientifique contenus dans les écrits sacrés. Cela va enfin évoluer, pensent-ils, selon qu'il est écrit « la révélation de tes paroles éclaire, elle donne de l'intelligence au simple », c'est-à-dire à ceux qui ne sont pas arrogants.

Conclusion générale

L'univers n'est apparu qu'une seule fois, et il ne doit y avoir qu'un seul schéma ou modèle pour l'expliquer. Le savant anglais Stephen Hawking disait, « *Le jour où on découvrira le vrai schéma de l'univers, il sera facile de l'enseigner à tous et à tout le monde et chacun peut désormais prendre part aux débats* ». (Cfr : Stephen Hawking, A Brief History of Time, trans. I. Naddeo-Souriau, Paris, Flammarion, 1989, p. 213).

Ce schéma est effectivement là, apparu cent ans après la découverte du phénomène Big-bang. C'est le Modèle Cosmologique Universel qui est la restitution du schéma de la Création biblique.

Dans ce livre, nous avons d'abord enlevé l'équivoque sur les journées selon la Bible dans le schéma biblique de la Création. Nous avons démontré que c'était des périodes. Nous avons aussi démontré que les eaux dont on parle dans le verset « *L'esprit de Dieu se mouvait au-dessus des eaux* » étaient en fait l'action des énergies sur les particules. C'est durant la période de condensation qu'elles se sont réchauffées fortement en émettant la lumière, auquel il est dit : « **3** *Dieu dit : Que la lumière soit ! Et la lumière fut* ». Cette condensation ayant entrainé un effondrement gravitationnel connu sous le nom d'abime a fait que l'univers s'est fortement condensé, où même la lumière ne pouvait plus s'échapper. Et, puis, il y a eu le phénomène Big-bang, ou la séparation des eaux d'avec les eaux, suivie de l'inflation et de la réapparition de cette même lumière d'antan 380.000 ans après. Elle est connue à ces jours sous le nom du rayonnement fossile ou fond diffus cosmologique.

Après le Big-bang ou la séparation des eaux d'avec les eaux, la Bible nous dit qu'avec les eaux du dessous, il y eut formation de la Terre. Étant donné que l'Univers était au départ invisible et vide, donc c'est avec les eaux du dessus qu'il y eut formation des luminaires. Si tel est le cas, la terre et les luminaires devraient être composés des mêmes éléments, même si leur état diffère suite aux conditions environnementales. C'est effectivement ce que les scientifiques ont constaté, c'est-à-dire, la terre et tous les corps célestes sont tous faits de la même matière.

À la fin, nous avons abordé l'épineux problème de l'évolution et de la Création et déterminé les cadres qui peuvent faire l'objet de débat entre scientifiques et religieux pour y créer l'unité.

Connaissez-vous un autre modèle qui peut expliquer l'origine et l'évolution de l'univers mieux que ceci ? Le schéma de la Création biblique restitué dans le Modèle Cosmologique Universel, issue de l'Astrothéologie, s'avère être, à ce jour, plus complet qu'on ne le pensait.

Moïse étant considéré comme un prophète, son récit faisant de Dieu le Créateur de l'Univers est qualifié de religieux. De l'autre côté, Empédocle en tant que philosophe, son récit est considéré comme un raisonnement philosophique, alors qu'il a décrit le fonctionnement de l'Univers en parlant de la lutte entre la gravité et l'expansion attribuée à ces jours à l'énergie noire.

Ce que j'ai découvert dans mes recherches, c'est ce que je publie sans me préoccuper de ce qu'en dit la Science. Après tout, il se passe souvent des périodes de 30 à 40 ans pour que beaucoup des prédictions en cosmologie soient confirmées. L'idée de l'atome primitif émise dans les années 1920 n'a été confirmée qu'en 1965 lors de la découverte du rayonnement faucille. « *Laisser le temps au temps* », comme le disait Jack Lang ; ancien ministre français de l'Éducation et de la Culture.

BIBLIOGRAPHIE

I. LITTÉRATURES SCIENTIFIQUES

– Aurélien Barrau, *Big-bang et au-delà, balade en cosmologie*, éd.Dunod, Paris

– Aux Frontières de L'Univers – Du Big-bang au Quark » Marceau Felden – 2005

– Bender, Lionel : *les plantes*, éd. Artis-Historia, Bruxelles, 1989.

– Bojowald, Martin, *l'Univers en rebond*, folio 575

– Douce Roland & Postaire Eric, *Les origines de la vie*, Gallimard, 2016.

– Galfard, Christophe, *E=mc*, Flammarion, 2017

– Heidmann, jean : Sommes-nous seuls dans l'univers, Fayard, Paris, 2000.

– Herrmann, Joachim, *Atlas d'Astronomie*, ed. Stock, Paris, 1976

– Igor & Bogdanov Grichka, *Avant le Big-bang*, Grasset, 2004.

– *J.Baker, 50 clés pour comprendre l'astronomie, éd. Dunod, Paris 2016*

– Jean Bricmon, La mécanique quantique pour non physiciens, B-1348 Louvain-la-Neuve, Belgium

– Klein, Etienne : Discours sur l'origine de l'univers, éd. Flammarion 2016.

– Pluchet, Blandine, *La physique quantique pour les nuls*, éd. First, 2018.

– Sagan, Carl : *Cosmic Connection*, ed. du Seuil, Paris, 1975

– Sarrailh, Claude, *Le secret de la vie*, éd. Librinova, 2018

– *Stephen Hawking, Une brève histoire du temps, trad.I. Naddeo-Souriau, Paris, Flammarion, 1989*

– Lavoisier, Traité élémentaire de chimie (1789)

– *Phanzu . Les énigmes de l'Univers résolues dans le Modèle Cosmologique Universel ; éd. Librinova, Paris 2021*

II. LIVRES RELIGIEUX

– *Bible Louis Segond*
– *Bible de Jérusalem*
– *Bible Septante*
– *BABYLONE LA GRANDE EST TOMBÉE – le royaume de Dieu a commencé son Règne. Tour de Garde, JW.org,*
– *Présentation du Principe divin : éd. Culture et Paix, Paris, 2013*
– *Le Principe divin, niveau 4, introduction*
– *La pensée de l'unification ; FFPMU*
– *VIE UNIVERSELLE : Les champs de rayonnement, Würzburg 1, 1986.*
– Cheon Seong Gyeong, FFPMU,

III. COLLECTIONS

– Les défis de la science : *l'origine de la vie*, édité par RBA coleccionables, S.A.U. 2018, Barcelone.

– Les défis de la science : *La théorie du Tout*, édité par RBA coleccionables, S.A.U. 2019, Barcelone.

– Les défis de la science : *Au-delà du Boson de Higgs*, édité par RBA coleccionables, S.A.U. 2018, Barcelone.

– Voyage dans le cosmos : *Les trous noirs*, édité par RBA coleccionables, S.A.U. 2020, Barcelone.

– Voyage dans le cosmos : *Les exoplanètes*, édité par RBA coleccionables, S.A.U. 2020, Barcelone.

– Voyage dans le cosmos : *Le boson de Higgs*, édité par RBA coleccionables, S.A.U. 2020, Barcelone.

– Voyage dans le cosmos : *L'espace-temps quantique*, édité par RBA coleccionables, S.A.U. 2020, Barcelone.

– Voyage dans le cosmos : *Les univers parallèles*, édité par RBA coleccionables, S.A.U. 2020, Barcelone.

– Voyage dans le cosmos : *La matière noire*, édité par RBA coleccionables, S.A.U. 2020, Barcelone.

– Voyage dans le cosmos : *Le vide et le néant*, édité par RBA coleccionables, S.A.U. 2020, Barcelone.

IV. COURS & TRAVAUX PRATIQUES

– Lachieze-Rey, Marc : *Initiation à la comologie*, 5è éd, Dunot, Paris, 2013.

– Matthews, P.T., *Introduction à la mécanique quantique*, Dunod, Paris, 1970.

– Ir. MPANZU KIADI BABAKA et l'Ir. NIMI M., Travaux pratiques de mécanique quantique : explication de la mécanique quantique, UPN -RDC- 2017, inédit

– James Gunn (Eugene Higgins Professor of Astronomy at Princeton University), in Cho, A., A singular conundrum : How old is our universe ?) Science 317 :1848–1850, p. 1850, 2007)

V. REVUES ET JOURNAUX

– *Les secrets de l'espace 07 : # HORS SERIE#, Les mystères de l'Univers*

– La Libre Belgique 2005. Guy Duplat

– magazine Ciels&espace n° 442-p 62, Mars 2007

– Magazine CIEL&espace n°442 – Mars 2007 – Prof. Jean-François Robredo

– magazine Ciels&espace n° 442-Pp 32-35, Mars 2007-Julien Bourdet

– magazine Ciel&espace n° 378-novembre 2001, p.39

– Magazine CIEL&espace, N°445-Juin 2007 ; P.24

– Magazine CIEL ET ESPACE N° 306 p.6 – Octobre 1995

– CIEL&espace – 02/1999 –P.26 par Azar Khalatbari

– Magazine CIEL&espace n° 444 – Mai 2007 P.19 : La fausse étoile à quarks

– Magazine Ciel&espace– N° 421 p.19– Juin 2005

– TIMOTHY BOYER| 01 décembre 2000| POUR LA SCIENCE N° 278

– *À l'origine du Big Bang : l'abbé Georges Lemaître (l'Humanité : la Science et la religion)*

VI. SITES WEB

– astropolis.fr/Le Big-bang : Instant zéro ou "singularité initiale

– *boowiki.info/art/cosmologie/cosmologie-conforme-cyclique*

– Express.fr, les premières secousses du Big-bang expliquées par Grichka Bogdanov, par Jérémie Pham-Lê, publié le 18/03/2014

– fredzone.org/stephen-hawking-pense-toujours-que-nousdevons -nous-mefier-des-extraterrestres-554

– futurascience.com/10 questions essentielles sur l'Univers/ le 19/08/2019

– futura-sciences.com/sciences/definitions/physiquephysique -quantique-13197

– futura-sciences.com/sciences/definitions/Univers-voielactee -3729 par Floriane Boyer

– *Futura-sciences.fr*, La bizarre asymétrie du rayonnement fossile : une énigme résolue ? le 02/01/2009 par Laurent Sacco).

– Futurasciences, JP Luminet, Singularités et temps zéro

– *futura-sciences.com/sciences/actualites/cosmologie-preuve avant-big-bang-roger-penrose*

– futura science.com, Origine de la vie : nouvelle piste avec des poussières interstellaires, *par Laurent Sacco, le 23/11/2017*

– matierevolution.fr/spip.php ? article38Le vide,... pas si vide, le23/06/2010, par Robert Paris

– *matierevolution.*fr/spip.php ? article, Les bulles de vide et la matière, le 16/05/2008, Robert Paris

– *matierevolution.fr/spip.php ? article, Big-bang ou pas Big-Bang, le 15/05/2009 par FaberSperber, Robert Paris*

– sciencesetavenir.fr/espace/asttrustmyscience.com/expansion -Univers-acceleration-trop-rapide-pouretre-expliquee-par-la-phy sique-actuelle, par Thomas Boisson, le 26/02/2018

– *sciencetonante.wordpress.com/2013/09/30/les-7-merveillesde-la–mécanique-quantique*

– tdg.ch/preuve-inflation-cosmique-big-bang-faite

– *vinsvignesvignerons.com/Geologie/Une-breve-histoire-dela-planete-terre*

– Que s'est-il passé avant le Big Bang ? – Inside the Perimeter)

– Mark Eichenlaub in Quora :What did Richard Feynman mean when he said, "What I cannot create, I do not understand

– https://www.enjeuxdemots.com/science/astronomie/

– : Erwin Schrödinger, physicien ; https ://www :Sciencecritique. com/contact/edi_monde /505622

– https://questcequelaverite.com/le-Big Bang-la-cosmologie-et-la-Bible

– Pierre Jovanovic in https://www.lavie.fr/christianisme/eglise/Big Bang-eacutevolution-pourquoi-leglise-ne-change-pas, Publié le 30/10/2014

– https://www.futura-sciences.com/sciences/definitions/physique -mecanique-quantique-844

– http://clea-astro.eu/lunap/Vie /Les origines de la vie dans l'Univers par Guy Moreels

– *https://www.pourlascience.fr/sd/cosmologie/l-univers-avant-le-Big Bang-2971.php*

– :https://oumma.com/Big Bang-debut-ou-eternel recommencement-entre-la-science-et-lideologie-eternaliste par **Rafik Hiahemzizou, 10** juin 2019

– https://www.refletsdelaphysique.fr/articles/refdp/pdf/2013/01 /refdp201332p8.pdf

– https://lasciencepourtous.cafe-sciences.org/articles/le-vide

– https://www.numerama.com/sciences/1296192-leau-sur-terre -serait-plus-vieille-que-le-soleil.html

– L'eau liquide, source de vie dans l'Univers 17/01/2011 – Par Vincent Boqueho

– David Joseph Bohm : https://www:Sciencecritique.com/contact/ edi_monde/505622

– https://fr.aleteia.org/2016/12/08/quand-la-religion-rencontre-la -science

– https ://www.sudouest.fr/2014/10/29/le-Big Bang-a-l-evolution-conformes-le-pape-contredit-les-creationnistes

VII. ENCYCLOPÉDIES

- Geographic exploration. "Microsoft® Encarta® 2009 [DVD]. Microsoft Corporation, 2008

- Grint, Damian, *Les mystères de l'univers*, éd. Christophe Colomb, Paris, 1985

- Gamlin, Linda, *Les origines de la vie*, éd. Artis-Historia, Bruxelles. 1989

- Moïse. " Microsoft® Encarta® 2009 [DVD]. Microsoft Corporation, 2008

- Zoppi, Moninga, Les Merveilles de l'univers, Médiaspaul, Kinshasa, 2009.

- "conservation, lois de." Microsoft® Encarta® 2009 [DVD]. Corporation, 2008

- Électron : Encarta

- "gravitation." Microsoft® Encarta® 2009 [DVD]. Microsoft Corporation, 2008

- "Olbers, paradoxe d'." Microsoft® Encarta® 2009 [DVD]. Microsoft Corporation, 2008

- THÉORIE DU BIG-BANG : encarta

- Wikiedia ; Modèle Standard

- Wikipédia : BIG-BANG

- Wikipédia : Empédocle

- Wikipédia : Les particules subatomiques

- Wikipédia : supersymétrie

- Wikipédia ; *Particules élémentaires*

- Wikipedia ; Metaphysica

- *exploration géographique » Microsoft® Encarta® 2009 [DVD]. Microsoft Corporation, 2008*

- le Pape Pie XII ET LE BIG BANG ; Wikipédia

- – Energie du vide ; Wikipédia

- eau ; Wikipédia

- Wikipedia : histoire de la philosophie en occident

- www.WIKIPEDIA : Éclipse

VIII. DOCUMENTAIRES SCIENTIFIQUES

– « Au-delà du Big-bang »
– « L'Univers de STEPHEN Hawking »
– « Le mystère de l'Univers : La lumière et les ténèbres ».
– « Physique quantique pour les nuls
– « Quelle est l'origine de l'eau sur la terre »
– « Toutes les planètes du système solaire »
– Conférence : Qu'y avait-il avant le Big-bang
– A.E. Wilder Smith : « les origines de l'Univers »
– Alice Harper et Nigel Henbest : « les origines de la terre »
– Garry Parker : « Big-bang »
– Hubert Reeves ; « D'où provient l'énergie du Big-bang »
– Iolande Cadrin-Rossignol : « Du Big-bang au Vivant »
– Jean Pierre Martin, conférence-documentaire « Et la lumière fut : ou l'histoire du Big-bang »
– Laura Verkland Armstrong ; « L'Univers – Les Mystères du Big-bang »
– Gary Wright : Le Soleil, Source De Vie Et De Danger
– Matt Hickey : « Cosmos – Au-delà du Big-bang »
– Pascal Picq : conférence-documentaire "Premier Homme"

Table des matières

Dépôt légal mars 2024

Librinova

www.librinova.com

www.ingramcontent.com/pod-product-compliance
Lightning Source LLC
LaVergne TN
LVHW052253200926
848481LV00002B/356
9791040548096